高职高专汽车类专业课改教材

汽车电气设备与维修工作页

主编　吴　涛

主审　吴　民

西安电子科技大学出版社

内 容 简 介

本书是按照《汽车电气设备与维修(第二版)》(西安电子科技大学出版社，2012)教材及工作过程系统化的实施要求编写的，作为配套教学资料，有利于教学与知识拓展。本书主要内容包括汽车电气常用检测工具及仪器的使用、汽车蓄电池的检测与充电、交流发电机的结构与检测、交流电机充电系统故障诊断、启动机的结构与检测、启动系统的故障诊断、点火系统元件的组成与检测、晶体管点火系统的故障诊断、微机控制点火系统故障诊断、汽车照明与信号系统的检修、汽车仪表与报警信息系统的检修、风窗清洁装置的检修、电动座椅的检修、电动后视镜的检修、电动车窗的检修、电动门锁的检修、汽车空调系统的构造与性能测试、汽车空调系统的检修、汽车电路图识读与电路分析等十九个任务工作页。书末给出了两份模拟试卷，供参考。

本书既可作为职业院校汽车电子技术专业、汽车运用专业、汽车检测专业学生的教学用书，也可以作为职业技能培训和其他相关专业人员的参考书。

图书在版编目(CIP)数据

汽车电气设备与维修工作页 / 吴涛主编. —西安：西安电子科技大学出版社，2013.2
(2021.7 重印)
ISBN 978-7-5606-2985-8

Ⅰ. ①汽⋯ Ⅱ. ①吴⋯ Ⅲ. ①汽车—电气设备—车辆修理—高等职业教育—教材
Ⅳ. ① U472.41

中国版本图书馆 CIP 数据核字(2013)第 106784 号

责任编辑　马晓娟
出版发行　西安电子科技大学出版社(西安市太白南路 2 号)
电　　话　(029)88202421　88201467　　　　邮　　编　710071
网　　址　www.xduph.com　　　　　　　　　电子邮箱　xdupfxb001@163.com
经　　销　新华书店
印刷单位　广东虎彩云印刷有限公司
版　　次　2013 年 2 月第 1 版　　2021 年 7 月第 3 次印刷
开　　本　787 毫米×1092 毫米　1/16　　印 张 9.5
字　　数　221 千字
印　　数　3301～4300 册
定　　价　23.00 元

ISBN 978 - 7 - 5606 - 2985 - 8/U

XDUP 3277001-3

如有印装问题可调换

前　言

随着我国汽车工业的迅速发展，汽车保有量大幅增加，汽车已成为人们生产和生活的重要工具。汽车技术的不断更新，对汽车维修行业从业人员的数量和素质提出了更高的要求。

"汽车电气设备与维修"是高职高专院校汽车类专业的核心课程，我们采用项目式教学的思路，重新整合了"汽车电气设备与维修"课程的内容。本书作为"汽车电气设备与维修"课程的配套教学资料，是按照工作过程系统化的实施要求来编写的。

本书以汽车电气维修实际工作任务为核心，将专业能力与关键能力培养、学习过程与工作过程融为一体，以此展开汽车电气结构、系统原理、维修工艺、检验工艺、工具量具使用、技术资料查阅以及安全生产等内容的"理实"一体化教学。

本书由浙江交通职业技术学院吴涛主编，新疆交通职业技术学院吴民、苟春梅，浙江交通职业技术学院张琴友、刘美灵、颜文华承担了部分项目的编写工作，全书由新疆交通职业技术学院吴民主审。在本书编写过程中，得到了四川交通职业技术学院封建国、河南交通职业技术学院王顺利、天津交通职业技术学院王学成、湖南交通职业技术学院雷春华、湖北交通职业技术学院张鹏与朱新民、安徽交通职业技术学院纪凯、上海交通职业技术学院荣建良、浙江交通职业技术学院徐为人等的大力帮助，他们在技术支持方面做了大量的工作，在此对全体参加教材编写及给予帮助的同仁致以诚挚的谢意！

本书在编写过程中，得到了许多专家和同行的热情支持，并参阅了许多国内外公开出版和发表的文献，在此对这些专家同行以及作者一并表示感谢。

限于编者经历及水平，内容难以覆盖全国各地的实际情况，也难免有不妥之处，恳请读者提出宝贵意见。

编　者

2013 年 1 月

目　　录

任务一

汽车电气常用检测工具及仪器的使用

☞**学习目标**

(1) 能识别基本的电子元件。
(2) 能够对常见的电气元件的好坏进行判断。
(3) 能正确认识汽车上的常用电气设备。
(4) 能熟练使用数字万用表等测量工具。
(5) 能进行汽车电路基本故障的诊断与检测。

☞**任务情景描述**

在检测汽车电路时，经常会用到数字万用表等检测仪器及工具。通过本任务认识汽车电路故障的基本类型与特点，学习汽车电路常用检测仪器的正确使用方法，掌握汽车电路检测的基本方法及注意事项。

☞**学习准备**

完成本次任务需要哪些设备、工具和耗材？

设备：_____。

工具：_____。

耗材：_____。

☞**工作内容**

一、数字万用表的使用

1. 观察所提供的数字万用表的功能，注意指导老师介绍的使用注意事项，并在下面加以应用。

2. 测量普通导线的电阻，被测量物体必须没有电压。

3. 测量普通导线的导通性，蜂鸣器是否响起：_____。

4. 测量电流的注意事项时：_____。

5. 假设使用图 1-1 所示的数字式万用表测量电流：

(1) 当预期读数约为 8 A 时，黑色测试引线应连接到哪一个插孔？　_____。

(2) 当预期读数约为 8 A 时，红色测试引线应连接到哪一个插孔？　_____。

(3) 当预期读数约为 8 A 时，功能开关应设定在哪个位置？　　　　。

(4) 当预期读数约为 100 mA 时，黑色测试引线应连接到哪一个插孔？　　　　。

(5) 当预期读数约为 100 mA 时，红色测试引线应连接到哪一个插孔？　　　　。

(6) 当预期读数约为 100 mA 时，功能开关应设定在哪个位置？　　　　。

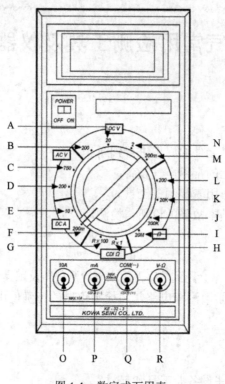

图 1-1　数字式万用表

二、二极管的检测

1. 测量普通二极管需使用数字万用表的＿＿＿＿＿挡位。测量时红表笔接二极管P(正)极，黑表笔接N(负)极，万用表读数为＿＿＿＿＿＿＿＿＿；颠倒红黑表笔再测量，读数为＿＿＿＿＿。

2. 通过上面的测量，我们得出二极管的特性为＿＿＿＿＿＿＿＿＿＿＿＿＿＿＿＿＿

＿＿＿＿＿＿＿＿＿＿＿＿＿＿＿＿＿＿＿＿＿＿＿＿＿＿＿＿＿＿＿＿＿＿＿＿＿＿。

3. 如果以上的测量使用的是万用表的欧姆挡呢？

＿＿＿＿＿＿＿＿＿＿＿＿＿＿＿＿＿＿＿＿＿＿＿＿＿＿＿＿＿＿＿＿＿＿＿＿＿＿。

4. 现在你能否对二极管的好坏进行判断？能□　　　　不能□

三、保险丝

1. 观察实物，记下各种颜色的片状保险丝的额定电流值(单位 A)。

颜色	棕黄	红	蓝	黄	透明	绿
额定电流						

2．如果一个好的保险丝一端连接电源，一端出现搭铁，则会出现什么结果？_____。熔断的间隙大概为_____。出现此故障时，能否直接更换保险丝？_____。

3．观察保险丝盒，了解其中所有的保险丝号。

4．如果保险丝出现如图 1-2 所示情况的损坏，能够直接更换保险丝吗？左边保险丝损坏的原因一般是什么？右边保险丝损坏的原因一般是什么？

_____

_____。

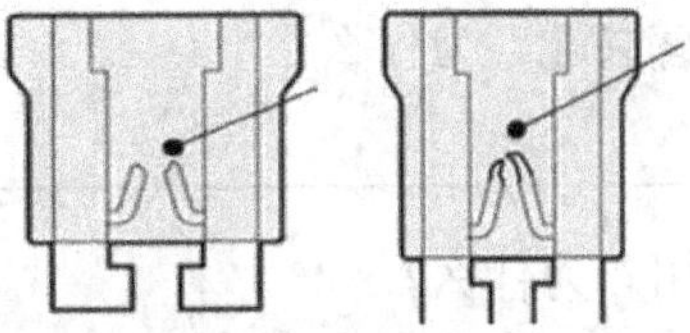

图 1-2　保险丝故障

四、继电器

1．观察实物(如图 1-3 所示)，回答如下问题。

(1) 线圈端子为_____号、_____号端子。

(2) 开关的公共端子为_____号。

(3) 在车上找到一个 4 脚继电器，它比 5 脚继电器少的端子是_____号端子。

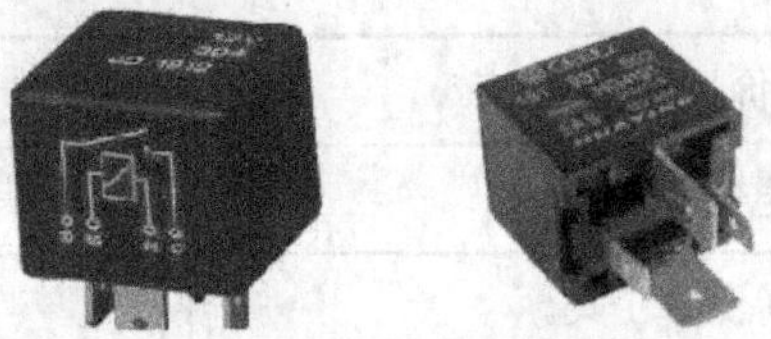

图 1-3　继电器实物

2．继电器检测。

(1) 使用万用表的电阻挡测量线圈端子的阻值为_____Ω，使用蜂鸣挡检测线圈端子是否导通？_____。

(2) 向常开继电器的线圈供电，开关触点是否出现闭合的声音或振动？_____。

(3) 现在你能够对继电器的好坏进行判断吗？　能□　　　不能□

五、可变电阻(也可用节气门位置传感器，或大灯调整开关代替)

1．实物观察，燃油传感器的总电阻是_____Ω。

2．当油浮子在一半时，测量传感器信号线和地线之间的电阻为_____Ω。

3．慢慢将可变电阻从最高位移到最低位，其阻值如何变化？_____。

4．如何判断鼓风机调速电阻的好坏？如何检查？

_____

5．现在你能否正确地使用数字万用表对常见的电气元件的好坏进行判断？

能□　　　　　　不能□

☞学习体会

1．活动中对哪个技能最感兴趣？为什么？

_____。

2．活动中哪个技能最有用？为什么？

_____。

3．活动中哪个技能的操作可以改进，以使操作更方便实用？请写出操作过程。

_____。

4．相互交流并总结万用表的使用方法。

_____。

☞评价与反馈

学习评价目标	自评	互评	师评
1．能正确认识汽车的常用电气设备。			
2．能熟练使用数字万用表等测量工具。			
3．能够对二极管的好坏进行判断。			
4．能够对继电器的好坏进行判断。			
5．能进行汽车电路基本故障的诊断与检测。			
6．能够对常见的开关电气元件的好坏进行判断。			
7．操作过程中，安全到位。			
8．操作过程中，无返工现象。			
9．活动中，环保意识及安全工作做得好。			
总体评价		教师签名	

任务二

❧❧❧❧❧❧❧❧❧❧❧❧❧❧❧❧❧❧❧❧❧❧❧❧❧❧❧❧❧❧❧❧❧❧❧❧

汽车蓄电池的检测与充电

☞**学习目标**

(1) 能正确进行蓄电池的拆装。

(2) 掌握铅酸蓄电池的结构与工作原理、工作特性及充电方法。

(3) 掌握蓄电池的正确使用和维护。

(4) 能进行蓄电池的故障诊断与排除，能对蓄电池进行检测、维护作业，并能分析蓄电池的故障原因，且记录检测数据。

☞**任务情景描述**

一车主开车时发现启动机运转无力，后联系了 4S 店。根据客户的陈述，维修技师对此车故障进行了验证，怀疑是蓄电池性能下降所致。通过案例讲解故障现象和部位，学生应掌握蓄电池的故障现象和检测方法。

☞**学习准备**

完成本次任务需要哪些设备、工具和耗材？

设备：_____。

工具：_____。

耗材：_____。

☞**工作内容**

一、蓄电池的结构与充放电

1. 蓄电池的功用。

(1) 发动机在停止状态时，蓄电池的功用为_____

_____。

(2) 发动机在启动状态时，蓄电池的功用为_____

_____。

(3) 发动机在低速状态时，蓄电池的功用为_____

_____。

(4) 当发电机电压高于蓄电池电压时，蓄电池的功用为＿＿＿＿＿＿＿＿＿＿＿＿

＿＿＿＿＿＿＿＿＿＿＿＿＿＿＿＿＿＿＿＿＿＿＿＿＿＿＿＿＿＿＿＿＿＿＿＿＿＿＿。

2. 写出图 2-1 中带序号部件的名称。

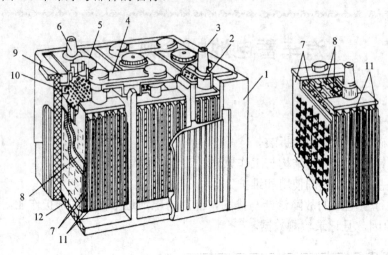

图 2-1　铅酸蓄电池

1—＿＿＿＿＿；　　2—＿＿＿＿＿；　　3—＿＿＿＿＿；　　4—＿＿＿＿＿；

5—＿＿＿＿＿；　　6—＿＿＿＿＿；　　7—＿＿＿＿＿；　　8—＿＿＿＿＿；

9—＿＿＿＿＿；　　10—＿＿＿＿＿；　　11—＿＿＿＿＿；　　12—＿＿＿＿＿。

3. 简述蓄电池放电终了和充电终了的特征。

＿＿＿＿＿＿＿＿＿＿＿＿＿＿＿＿＿＿＿＿＿＿＿＿＿＿＿＿＿＿＿＿＿＿＿＿＿＿＿

＿＿＿＿＿＿＿＿＿＿＿＿＿＿＿＿＿＿＿＿＿＿＿＿＿＿＿＿＿＿＿＿＿＿＿＿＿＿＿。

4. 列举蓄电池的基本技术参数并说明其含义。

(1) 6－QA－100 表示＿＿＿＿＿＿＿＿＿＿＿＿＿＿＿＿＿＿＿＿＿＿＿＿。

(2) 6－QAW－100 表示＿＿＿＿＿＿＿＿＿＿＿＿＿＿＿＿＿＿＿＿＿＿＿。

(3) 6－QA－105G 表示＿＿＿＿＿＿＿＿＿＿＿＿＿＿＿＿＿＿＿＿＿＿＿。

5. 蓄电池的充电方法有哪些？各有何特点？

(1) 蓄电池的电压充法：＿＿＿＿＿＿＿＿＿＿＿＿＿＿＿＿＿＿＿＿＿＿

＿＿＿＿＿＿＿＿＿＿＿＿＿＿＿＿＿＿＿＿＿＿＿＿＿＿＿＿＿＿＿＿＿＿＿＿＿＿＿。

(2) 蓄电池的电流充法：＿＿＿＿＿＿＿＿＿＿＿＿＿＿＿＿＿＿＿＿＿＿

＿＿＿＿＿＿＿＿＿＿＿＿＿＿＿＿＿＿＿＿＿＿＿＿＿＿＿＿＿＿＿＿＿＿＿＿＿＿＿。

(3) 采用恒流充电方法对蓄电池进行充电作业，将第一阶段充电参数记录在表 2-1 中。

表 2-1　蓄电池充电记录

序号	记录项目	充电蓄电池编号			
		1	2	3	4
1	蓄电池型号				
2	蓄电池端电压/V				
3	充电机输出的充电电压/V				
4	充电机输出的充电电流/A				
5	蓄电池充足电时的现象或特征				

二、蓄电池的使用与维护

1. 蓄电池在日常使用中，应注意做好哪些工作？

_____

_____ 。

2. 蓄电池的技术状况检查。

蓄电池技术状况的检查包括蓄电池端电压的检查、电解液液面高度的检查以及电解液密度测量等。分别简述其操作过程，并将结果记录下来。

(1) 参照图 2-2，叙述蓄电池端电压的检查方法。

_____

_____ 。

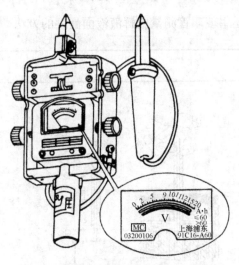

图 2-2　高率放电计

(2) 参照图 2-3～图 2-5，叙述用密度计与折射计测量蓄电池电解液密度的方法。

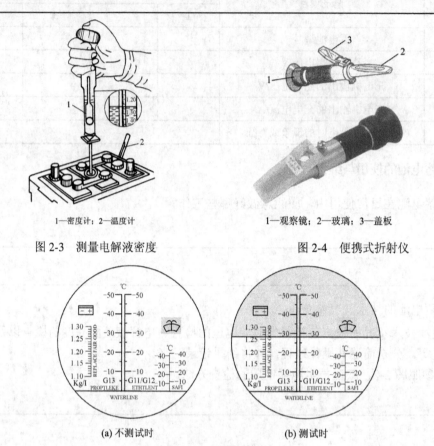

1—密度计；2—温度计

图 2-3　测量电解液密度

1—观察镜；2—玻璃；3—盖板

图 2-4　便携式折射仪

(a) 不测试时　　　　　(b) 测试时

图 2-5　折射仪视场

(3) 参照图 2-6，叙述用玻璃管测量电解液液面高度的方法。

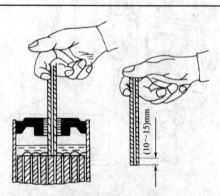

图 2-6　用玻璃管测量电解液液面高度

(4) 检查蓄电池的技术状况，将测量结果填入表 2-2 中。

表 2-2　　蓄电池技术状况测量记录

序号	检查项目		检查或测量结果						分析处理方法
	蓄电池型号								
			1 单格	2 单格	3 单格	4 单格	5 单格	6 单格	
1	外壳情况								
	极柱情况								
	加液孔盖情况								
2	蓄电池开路电压的检测/V								
3	电解液液面高度检测/mm								
4	电解液温度/℃								
	电解液密度 /(g/cm^3)	ρ_T							
		$\rho_{25℃}$							
	按密度计算放电程度/(%)								
5	高率放电计所测电压/V								
	按高率放电计计算放电程度								

3. 免维护蓄电池内部安装有电解液密度计(俗称电眼)，可自动显示蓄电池的存电状态和电解液液面的高度，如图 2-7 所示。观察窗呈现绿色，说明_____；呈现黑色，说明_____；呈现浅黄色，说明_____。

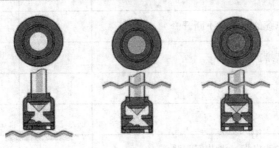

图 2-7　免维护蓄电池电量指示

4. 写出蓄电池的正确使用方法。

_____

_____

_____。

5．写出蓄电池的维护过程。

_____

_____

_____ 。

☞**学习体会**

1．活动中对哪个技能最感兴趣？为什么？

_____

2．活动中哪个技能最有用？为什么？

_____

3．活动中哪个技能的操作可以改进，以使操作更方便实用？请写出操作过程。

4．你还有哪些要求与设想？

_____

_____ 。

☞**评价与反馈**

学习评价目标	自评	互评	师评
1．能说出蓄电池的作用。			
2．能正确处理蓄电池电缆的断开与不断开。			
3．能知道蓄电池的日常维护方法。			
4．能自己进行充电。			
5．能正确安装蓄电池。			
6．能规范安装发电机传动皮带，调节好张紧度。			
7．操作过程中，安全到位。			
8．操作过程中，无返工现象。			
9．活动中，环保意识及安全工作做得好。			
总体评价		教师签名	

任务三

❀❀❀❀❀❀❀❀❀❀❀❀❀❀❀❀❀❀❀❀❀❀❀❀❀❀❀❀❀❀❀❀❀❀❀❀❀❀

交流发电机的结构与检测

☞学习目标

(1) 能说出汽车发电机及调节器的组成及作用。

(2) 能认识电源系统各元件及其在汽车上的安装位置。

(3) 掌握交流发电机的工作原理和工作特性。

(4) 掌握交流发电机的结构、维护及检测方法。

(5) 掌握电压调节器的类型及调压原理。

(6) 掌握充电系统的故障诊断与排除方法。

(7) 能正确拆装交流发电机，能对晶体管电压调节器进行检测。

☞任务情景描述

一4S店客户描述车辆发动机运转时，充电指示灯常亮，充电系统不正常。老师通过故障现象引入相关知识。要求用不同方法对该车的发电机及调节器进行全面检测，判断其技术性能，并记录工作过程及检测数据。

☞学习准备

完成本次任务需要哪些设备、工具和耗材？

设备：_____。

工具：_____。

耗材：_____。

☞工作内容

一、发电机的结构与功用

1. 按序号写出充电系统的命名，如图 3-1 所示。

1—_____; 2—_____; 3—_____; 4—_____; 5—_____。

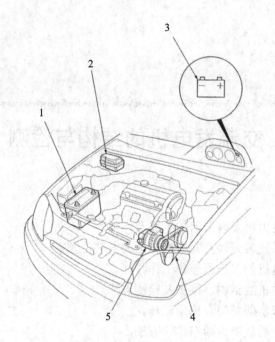

图 3-1 充电系统

2. 请说出发电机的三个功能的作用。

(1) 发电：_____。

(2) 整流：_____。

(3) 调节电压：_____。

3. 写出图 3-2 中带序号部件的名称。

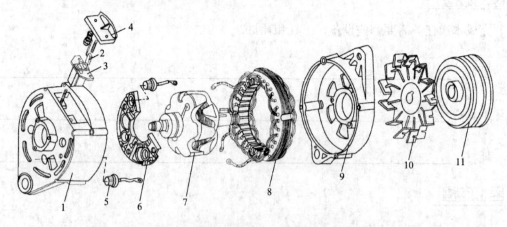

图 3-2 国产 JF132 型交流发电机结构图

1—_____; 2—_____; 3—_____; 4—_____; 5—_____; 6—_____;

7—_____; 8—_____; 9—_____; 10—_____; 11—_____。

二、发电机定子(电枢)结构

1. 定子的作用：_____；定子的组成：_____。

2. 交流发电机电压是如何产生的？

_____

_____

_____。

3. 根据图 3-3 用不同的颜色表示三相交流电的波形。

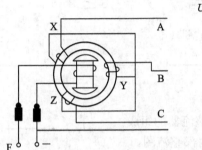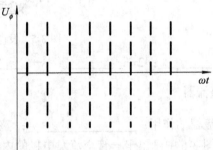

图 3-3　发电机的工作原理

4. 写出图 3-4 中序号部件的名称。

　　1—_____；2—_____；3—_____。

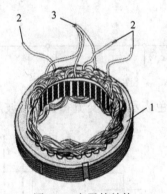

图 3-4　定子的结构

5. 画出星形和三角定子绕组的接法图。

6. 写出定子星形接法的特点：_____。

7. 写出定子三角形接法的特点：_____。

三、发电机转子结构

1. 转子的作用：＿＿＿＿＿＿＿＿＿＿＿；转子的组成：＿＿＿＿＿＿＿＿＿＿＿。
2. 写出图 3-5 中带序号部件的名称。

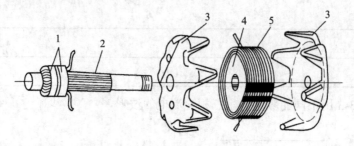

图 3-5　发电机转子

1—＿＿＿＿＿；2—＿＿＿＿＿；3—＿＿＿＿＿；4—＿＿＿＿＿；5—＿＿＿＿＿。

四、整流器

1. 整流器的作用：＿＿＿＿＿＿＿；整流器的组成：＿＿＿＿＿＿＿。
2. 在图 3-6 中画出十一管交流发电机的内部整流图。

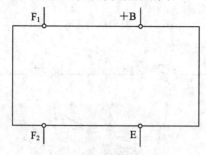

图 3-6　发电机框图

3. 根据图 3-7 用不同的颜色表示三相交流和直流电波形。

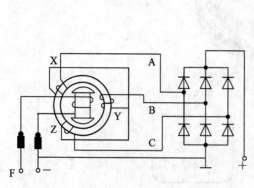
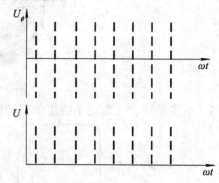

图 3-7　三相桥式整流

4. 根据图 3-7 写出整流过程。

(1) A 相为正 B 相为负的整流过程：＿＿＿＿＿＿＿＿＿＿＿＿＿＿＿＿＿＿。

(2) B 相为正 C 相为负的整流过程：_____。

5．什么是正二极管？_____。

什么是负二极管？_____。

6．八管的交流发电机，其中两个二极管起_____作用。

五、调节器

1．发电机调节器承担什么任务？交流发电机如何进行电压的调节？

_____

_____

_____

_____。

2．以图 3-8 为例，简述电压调节器的基本原理。

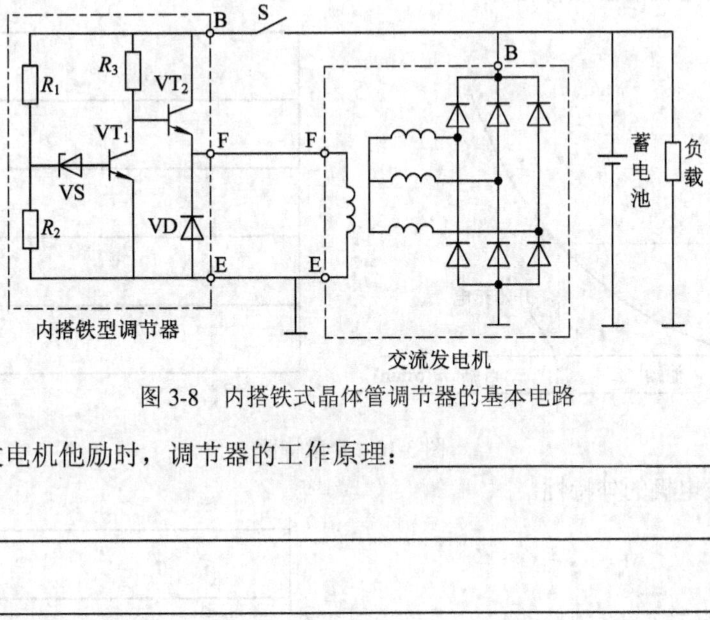

图 3-8　内搭铁式晶体管调节器的基本电路

(1) 写出发电机他励时，调节器的工作原理：_____

_____

_____。

(2) 写出发电机自励时，调节器的工作原理：_____

_____

_____。

(3) 所需要激励电流大小与什么有关：_____

_____。

六、发电机的工作特性及实验

1. 根据图 3-9～图 3-11 简述交流发电机的工作特性。

(1) 交流发电机的输出特性。

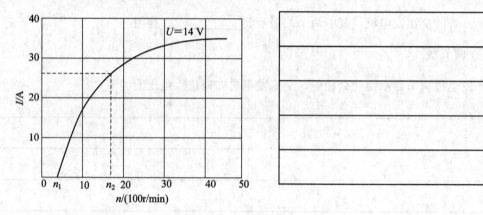

图 3-9　输出特性

(2) 交流发电机的空载特性。

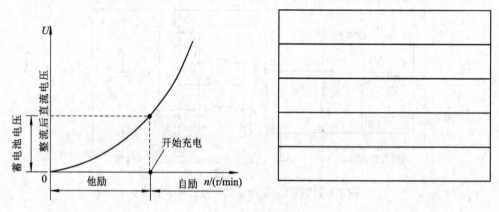

图 3-10　空载特性

(3) 交流发电机的外特性。

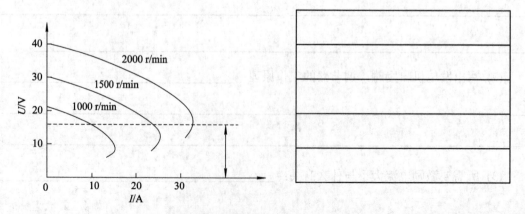

图 3-11　外特性

2. 简述十一管交流发电机中磁场二极管和中性点二极管的特点和作用。

桑塔纳、奥迪、丰田皇冠等轿车均装有十一管交流发电机，其整流器总成由 6 只三相桥式整流二极管、3 只磁场二极管和 2 只中性点二极管组成，如图 3-12 所示。

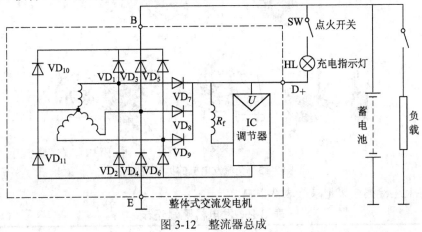

图 3-12　整流器总成

_____

_____

_____

_____

_____

_____。

3. 硅整流发电机的试验。

硅整流发电机的性能主要通过发电机空载和负载两个试验进行测试，将发电机试验数据填入表 3-1，对发电机做出综合评价。

表 3-1　发电机试验数据

测试项目 \ 检测内容		电压/V	电流/A	转速/(r/min)	
交流发电机试验	空载试验			标准值	
				实测值	
	负载试验			标准值	
				实测值	

七、交流发电机的拆装与部件检修

1. 当确认发电机有故障后，就需要解体发电机，对有关部件进行检修。以丰田汽车发电机拆装检修为例，可按图 3-13 所示的拆卸、分解、检修、组装、安装五个步骤进行。

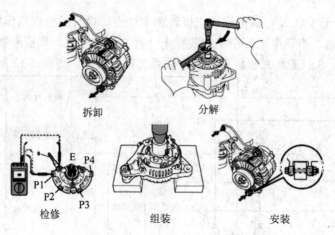

拆卸　　　　　　　　　　分解

检修　　　　　　　　组装　　　　　　　　安装

图 3-13　交流发电机的拆装检修

2．将上述检测结果记录于表 3-2 中。

表 3-2　发电机测量记录

转子绕组检查记录		定子绕组检查记录				
转子绕组导通电阻/Ω	转子绕组绝缘电阻/Ω	定子绕组各相间电阻/Ω			定子绕组绝缘电阻/Ω	
		X–Y	Y–Z	Z–X		

二极管检查	正二极管电阻/Ω						负二极管电阻/Ω					
	1		2		3		1		2		3	
	正向	反向	正向	反向	正向	反向	正向	反向	正向	反向	正向	反向

3．进行发电机碳刷检测，将检测数据填入表 3-3 中。

表 3-3　碳刷检测数据

序号	表笔位置	万用表量程	电阻值	检测结果判定
1	测量电刷架与端盖间的绝缘电阻			
2	测量电刷与电刷之间的绝缘电阻			
被测型号车辆发电机电刷长度标准值为_____，使用极限为_____时应更换。				发电机电刷

4. 根据实训车型查阅维修手册，分组制订发电机拆装及检测计划，如表3-4所示。

表3-4 发电机拆装及检测计划表

(一) 作业前准备

序号	项目	作业记录	序号	项目	作业记录
1	车轮挡块		6		
2	方向盘套		7		
3	座椅套		8		
4	脚垫		9		
5	翼子板布		10		

(二) 车辆初始化运转检查

序号	项目	作业记录	序号	项目	作业记录
1	发动机运转状况		4	充电指示灯状况	
2	发动机转速		5	故障灯指示状况	
3	仪表状况		6		

(三) 就车检测发电机的电压

序号	检查内容及步骤	序号	检查内容及步骤
1		4	
2		5	
3		6	

(四) 从汽车上拆装发电机

序号	检查内容及步骤	序号	检查内容及步骤	注意事项
1		4		
2		5		
3		6		

(五) 发电机的分解

序号	检查内容及步骤	序号	检查内容及步骤	注意事项
1		4		
2		5		
3		6		

(六) 发电机解体检测

序号	检查内容及步骤	工具名称	检测情况	注意事项
1	发电机定子的检测			
2	发电机转子的检测			
3	整流器的检测			
4	电压调节器的检测			
5	电刷磨损的检测			

计划审核 (教师)	年　月　日　签字：	
检测中出现的问题	经验总结及改进措施	
结论和维修建议		

5．分组拆检交流发电机并按表 3-5 的标准进行考核。

表 3-5 考 核 标 准

序号	作业项目	评分指标	配分	评分标准	评分
1	按步骤进行拆装	步骤正确，拆装规范	30	步骤错误一次，扣2分	
2	万用表的使用	能正确熟练使用万用表	5	不能正确使用，扣5分	
3	工具使用	正确规范熟练使用工具	5	使用工具不熟练，扣3分	
4	检测内容及方法	检测内容齐全，检测方法正确	30	检测内容少一项，扣5分；检测方法不正确，一次扣5分	
5	部件认知	能够正确认知发电机组成部件	20	认错一次扣3分	
6	安全生产	按操作规程文明生产无事故发生	5	损坏实习用品及工具，扣5分；不文明语言，一次扣2分	
7	整理	整理工作场地	5	没有整理场地，扣5分	
8	分数总计				

☞**学习体会**

1．活动中对哪个技能最感兴趣？为什么？

_____ 。

2．活动中哪个技能最有用？为什么？

_____ 。

3．活动中哪个技能的操作可以改进，以使操作更方便实用？请写出操作过程。

_____ 。

4．你还有哪些要求与设想？

_____ 。

☞**评价与反馈**

学习评价目标	自评	互评	师评
1．能识别发电机的各个部件；能正确识别和分离电子调压器和电刷架、电刷。			
2．能正确识别和分离二极管的正、负极板；能正确检测正极二极管的正、反向电阻，并判别出其好坏。			
3．能正确拆卸前、后端盖上的紧固螺钉。			
4．能规范分离定子绕组与整流器的连接点。			
5．能正确测量电刷磨损的长度；能正确测量电刷架的绝缘和搭铁绝缘状态。			
6．能进行发电机各接线柱之间的电阻测量，并能判别出故障。			
7．会进行发电机的分解工作；会进行发电机的检测工作。			
8．操作过程中，安全到位。			
9．操作过程中，无返工现象。			
10．活动中，环保意识及安全工作做得好。			
总体评价	教师签名		

任务四

交流电机充电系统故障诊断

☞学习目标

(1) 掌握充电系统的线路连接及电流走向分析。

(2) 掌握充电系统常见故障的检测方法和步骤。

☞任务情景描述

一辆桑塔纳汽车，在发动机运转时，充电指示灯不亮，蓄电池亏电；关闭发动机，将点火开关置于"ON"挡，充电指示灯也不亮。这说明充电指示系统电路有故障。要求对该车的电源系统进行检测，查出故障原因并进行修复。

☞学习准备

完成本次任务需要哪些设备、工具和耗材？

设备：＿＿＿＿＿＿＿＿＿＿＿＿＿＿＿＿＿＿＿＿＿＿＿＿＿＿＿＿＿＿＿＿＿＿＿＿。

工具：＿＿＿＿＿＿＿＿＿＿＿＿＿＿＿＿＿＿＿＿＿＿＿＿＿＿＿＿＿＿＿＿＿＿＿＿。

耗材：＿＿＿＿＿＿＿＿＿＿＿＿＿＿＿＿＿＿＿＿＿＿＿＿＿＿＿＿＿＿＿＿＿＿＿＿。

☞工作内容

1. 桑塔纳轿车电源系统电路。

(1) 桑塔纳轿车采用的是内装集成电路调节器 3 接柱的整体式十一管交流发电机，其充电系统电路如图 4-1 所示。

当发电机端电压低于蓄电池端电压时，充电指示灯及发电机励磁绕组线路为：＿＿＿＿＿

＿＿。

当发电机端电压高于蓄电池端电压但未达到调压值时，充电指示灯及发电机励磁绕

组线路为：＿＿＿＿＿＿＿＿＿＿＿＿＿＿＿＿＿＿＿＿＿＿＿＿＿＿＿＿＿＿＿＿＿＿＿＿

＿＿。

（2）充电系统常见故障有不充电、充电电流过小、充电电流过大、充电不稳等。故障原因可能是风扇带打滑、发电机故障、调节器故障、磁场继电器故障、充电系统各连接线路有断路或短路处，以及蓄电池、电流表、充电指示灯、点火开关等有故障。请完成表4-1。

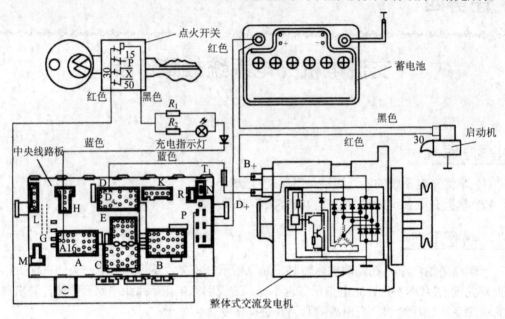

图 4-1　桑塔纳轿车电源系电路简图

表 4-1　充电系统常见故障

（一）汽车充电系统故障现象描述
（二）故障部位原因分析
（三）根据车型画出充电系统电路图

（四）检测维修工具

序号	工具名称	数量	检查工具是否完好
1			
2			
3			

（五）检测流程

序号	项目	作业记录	序号	项目	作业记录
1			4		
2			5		
3			6		
结论和维修建议					
计划审核 （教师）			年　月　日　签名：		

（3）整体式交流发电机充电系统常见的故障有不充电和充电电流过小。检测时使用万用表，采用逐点搭铁检测法可确诊断路部位，采用依次拆断检测法可确诊短路搭铁部位。请完成表4-2。

表4-2　充电系统的故障诊断记录

被测车型		发电机型号	
描述故障现象			
该车充电系统的主要组成元件			
分析交流发电机的整流电路、励磁电路和充电指示灯电路			
该车出现故障的主要原因			
故障诊断步骤	观察与测量结果		分析处理
通过小组分析，确定诊断流程，进行修复或更换			

2．判断蓄电池充电完成的依据有哪些？

_____。

3．根据电路图分析充电系统。

别克凯越轿车采用内装集成电路调节器整体式交流发电机，充电系统电路如图 4-2 所示，其电压调节器采用的是发电机电压检测法。下面对凯越轿车电源系统电路进行分析。

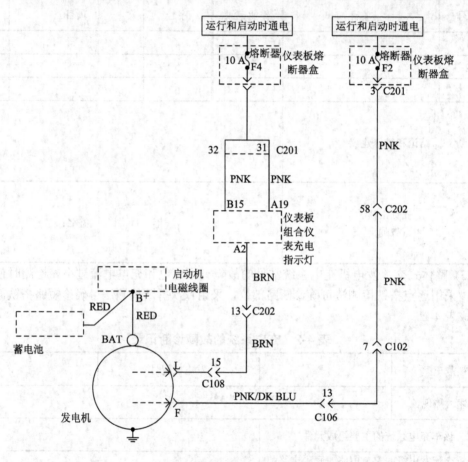

图 4-2　别克凯越轿车充电系统电路图

(1) 发电机上共有_____根线，颜色分别为_____。

(2) 打开点火开关，测量三根线的电压分别为_____V、_____V、_____V。

(3) 启动后测量三根线的电压分别为_____V、_____V、_____V。

(4) 拔掉 F2 保险丝，观察转向灯、倒车灯、充电指示灯的状态，这时发电机还发电吗？

_____

(5) 思考与讨论：

如果充电指示灯不亮就代表发电机没问题吗？为什么？

_____

_____

4．无负荷测试。

(1) 启动发动机，转速稳定在_____rp/min；测量蓄电池电压，测量值为_____V，由此可判断发电电压是否正常？_____。

5．负荷测试。

(1) 启动发动机，开启汽车一切电器设备到最大负荷。

(2) 将发动机速度增加至_____rp/min，测得蓄电池电压值为_____V，此值比静态电压值大_____V。由此可判断发电电压是否正常？_____。

6．测量发电机发电电流。

(1) 操作车辆，并记录对应的电流值(体现正负值)，完成表 4-3。

表 4-3　发电机电流值

操作	钥匙门关闭	启动瞬间	启动 5 s 后	开大灯远光	打开鼓风机
电流值/A					

(2) 随着用电负载的增多，发电电流如何变化？

_____

_____

☞学习体会

1．活动中对哪个技能最感兴趣？为什么？

_____

2．活动中哪个技能最有用？为什么？

_____

3．活动中哪个技能的操作可以改进，以使操作更方便实用？请写出操作过程。

_____

4．你还有哪些要求与设想？

_____

☞ **评价与反馈**

根据学习体会，对汽车充电系统检修过程进行总结。

_____

_____

_____

_____

_____

_____ 。

任务五

启动机的结构与检测

☞**学习目标**

(1) 能认识启动系统各元件及其在汽车上的安装位置。

(2) 掌握启动机的结构、工作原理和特性。

(3) 会分析启动机的电路电流走向及工作过程。

(4) 能进行启动机的拆装、检测与分析。

(5) 能看懂不同车型的启动电路图。

☞**任务情景描述**

一顾客描述其伊兰特轿车接通点火开关后，启动机快速转动但发动机却无法启动，也听不到齿轮的摩擦声和"嗒、嗒"的声音。通过收集车辆和顾客信息，老师讲解启动机的结构和原理。学生应知道故障现象和部位；查阅资料，了解不同车型启动机的相关知识。

☞**学习准备**

完成本次任务需要哪些设备、工具和耗材？

设备：_____。

工具：_____。

耗材：_____。

☞**工作内容**

一、启动机的结构

1. 启动系统的组成及作用。

(1) 发动机从停止转入工作状态，必须借助_____带动曲柄连杆机构运动，完成可燃混合气的压缩，才能开始点火燃烧或自燃。发动机启动系统的作用是_____。

(2) 发动机的启动方式常采用_____、_____、_____等多种方式。电力启动是启动机在_____和启动继电器的控制下，将蓄电池的电能转化为_____，带动发动机飞轮齿圈，从而使曲轴转动的启动。

(3) 图 5-1 为带启动继电器的控制电路原理图，装启动继电器的目的是＿＿＿＿＿＿。

启动继电器有四个接线柱，分别标有启动机、蓄电池、搭铁和点火开关。点火开关与搭铁接线柱之间是继电器的＿＿＿＿＿＿＿，启动机和蓄电池接线柱之间是继电器的＿＿＿＿＿。接线时，"点火开关"接线柱接点火开关的＿＿＿＿＿挡，"蓄电池"接线柱接＿＿＿＿＿，"搭铁"接线柱接＿＿＿＿＿，"启动机"接线柱接启动机电磁开关上的＿＿＿＿接线柱。发电机启动时，将点火开关启动挡接通，继电器的＿＿＿＿＿通电，使触电闭合，电源的电流回路为＿＿＿＿＿＿＿＿＿＿＿＿＿＿＿＿＿＿＿。

(4) 用一导线短接启动机上接蓄电池的接线柱和其旁边接启动机内电动机的接线柱，如启动机转，则表明启动机内电动机部分无故障，故障在启动机上部的操纵机构；如启动机仍然不转，则故障在电动机部分。启动系统常见的故障有＿＿＿＿＿，＿＿＿＿＿，＿＿＿＿＿，＿＿＿＿。启动机不转的故障可以归纳为三类，即＿＿＿＿＿、＿＿＿＿＿、＿＿＿＿＿故障，故障的排除要遵循＿＿＿＿＿＿＿＿＿＿＿＿＿＿＿原则。

2．标注图 5-1 中各部件的名称。

1—＿＿＿＿＿；   2—＿＿＿＿＿；
3—＿＿＿＿＿；   4—＿＿＿＿＿；
5—＿＿＿＿＿；   6—＿＿＿＿＿；
7—＿＿＿＿＿；   8—＿＿＿＿＿；
9—＿＿＿＿＿；   10—＿＿＿＿＿；
11—＿＿＿＿＿；   12—＿＿＿＿＿；
13—＿＿＿＿＿；   14—＿＿＿＿＿；
15—＿＿＿＿＿。

图 5-1　启动机结构

3．依据启动机的组成，完成表 5-1。

表 5-1　启动机的组成及其作用

序号	名　称	作　用	图　片
1	直流串励式电动机		
2	传动机构		
3	电磁开关		

4. 依据电磁开关结构，完成表 5-2。

表 5-2　电磁开关结构及其作用

序号	名　称	作　用	图　片
1	吸引线圈		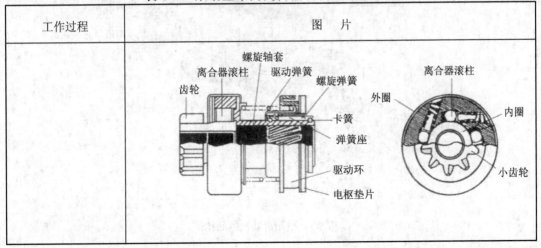
2	保持线圈		
3	柱塞铁芯		
4	主触点		

5. 依据直流串励式电动机的结构，完成表 5-3。

表 5-3　直流串励式电动机的结构及其作用

序号	名　称	作　用	图　片
1	机壳		
2	磁极		
3	电枢		
4	换向器		
5	电刷		
6	端盖		

6. 在表 5-4 中写出滚动型单向离合器的机构工作过程。

表 5-4　滚动型单向离合器的机构工作过程

工作过程	图　片

7. 表 5-5 中描述了当点火开关接通启动机后启动机的工作情况，结合图 5-2 所示的启动机系统原理图完成表 5-5(即在相应关键词处画√)，并叙述启动系统的工作过程。

表 5-5　点火开关接通后启动机的工作情况

序号	名称	刚接通点火开关启动挡	接触片与触点接合	断开点火开关启动挡
1	吸引线圈	有电□　无电□	有电□　无电□	有电□　无电□
2	保持线圈	有电□　无电□	有电□　无电□	有电□　无电□
3	接触盘	左移□　右移□	左移□　右移□	左移□　右移□
4	电动机	工作□　不工作□	工作□　不工作□	工作□　不工作□
5	驱动齿轮	转动(左移□右移□)	转动(左移□右移□)	转动(左移□右移□)

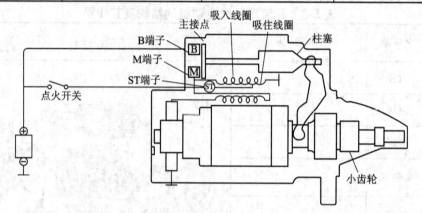

图 5-2　启动机的控制原理

8. 根据图 5-3 描述减速启动机的工作过程。

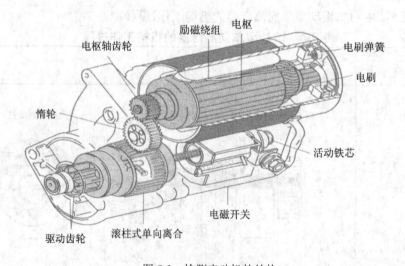

图 5-3　检测启动机的结构

二、启动机的拆装与检测

1. 依据启动机的拆装与检测过程，完成表5-6。

表5-6 启动机的拆装与检则

(一) 作业前准备					
序号	项目	作业记录	序号	项目	作业记录
1	车轮挡块		4	翼子板护围	
2	方向盘套		5	脚垫	
3	座椅套		6		

(二) 车辆初始化运转检查					
序号	项目	作业记录	序号	项目	作业记录
1	启动机运转状况		4	充电指示灯状况	
2	启动机转速		5	故障灯状况	
3	仪表状况		6		

(三) 就车检测启动机的电压			
序号	检查内容及步骤	序号	检查内容及步骤
1		3	
2		4	
检查工具是否完好			

(四) 从汽车上拆装启动机			
序号	检查内容及步骤	序号	检查内容及步骤
1		4	
2		5	
3		6	
注意事项			

(五) 启动机的分解			
序号	检查内容及步骤	序号	检查内容及步骤
1		4	
2		5	
3		6	
注意事项			

(六) 启动机解体检测			
序号	检测项目及步骤	工具名称	检测情况及结论
1	磁场绕组	磁场绕组断路的检查		
		磁场绕组搭铁的检查		
		磁场绕组短路的检查		
注意事项			
2	电枢绕组	断路检查		
		搭铁检查		
		短路检查		
注意事项			
3		电枢轴弯曲度		
注意事项			
4		电刷高度		
注意事项			
5	电磁开关线圈	吸引线圈电阻值		
		保持线圈的阻值		
注意事项			

计划审核 (教师)		年　月　日　签字：
检测中出现的问题		经验总结及 改进措施

2. 分组并按表 5-7 的标准进行启动机拆检考核。

表 5-7　启动机的拆检考核表

序号	作业项目	评分指标	配分	评分标准	评分
1	按步骤进行拆装	步骤正确，拆装规范	30	步骤错误一次，扣 2 分	
2	万用表的使用	正确熟练使用万用表	5	不能正确使用，扣 5 分	
3	工具使用	正确规范熟练使用工具	5	使用工具不熟练，扣 3 分	
4	检测内容及方法	检测内容齐全，检测方法正确	30	检测内容少一项，扣 5 分；检测方法不正确，一次扣 5 分	
5	部件认知	正确认知发电机组成部件	20	认错一次扣 3 分	
6	安全生产	按操作规程文明生产无事故发生	5	损坏实习用品及工具，扣 5 分；不文明语言，一次扣 2 分	
7	整理	整理工作场地	5	没有整理场地，扣 5 分	
8	分数总计				

☞学习体会

1. 活动中对哪个技能最感兴趣？为什么？

_____

_____。

2. 活动中哪个技能最有用？为什么？

_____

_____。

3. 活动中哪个技能的操作可以改进，以使操作更方便实用？请写出操作过程。

_____

_____。

4. 你还有哪些要求与设想？

_____

_____。

☞评价与反馈

学习评价目标	自评	互评	师评
1．能正确分解启动机。			
2．能正确装复启动机。			
3．拆下启动机上的器件，能做好清洁工作。			
4．会调节电枢轴向间隙。			
5．能正确检测定子绕组的性能和转子绕组的性能。			
6．能正确检测电磁开关的保持线圈功能和吸引线圈功能。			
7．能正确检测单向离合器和电刷弹簧弹力。			
8．能正确进行换向器云母绝缘层的检测。			
9．操作过程中，无返工现象。			
10．活动中，环保意识及安全工作做得好。			
总体评价	教师签名		

任务六

启动系统的故障诊断

☞ **学习目标**

(1) 学会使用维修手册收集相关资料。

(2) 掌握检修启动系统相关的技术规范、规定和标准，并规范操作。

(3) 掌握启动系统的线路连接，能够排除启动系统的故障。

(4) 对启动系统的检测和维修工作进行详细记录，说明工作种类和工作量。

(5) 在检测并排除启动系统故障、验收车辆时，应如实地履行工作安全和环境保护的规定，爱护工具设备，维护实训场地的清洁。

☞ **任务情景描述**

一辆伊兰特汽车启动系统不工作，要求对该车的启动系统进行检测，查出故障原因并进行修复。记录故障现象，学习制订不同故障的维修工作计划。

☞ **学习准备**

完成本次任务需要哪些设备、工具和耗材？

设备：_____。

工具：_____。

耗材：_____。

☞ **工作内容**

1. 启动系统的故障诊断。

(1) 当把一辆汽车点火开关置于启动位置时，仅发出极高的"咔哒"声，但启动机不转动，发动机也不启动。请说明可能的原因。

_____

_____

_____。

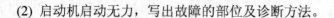

(2) 启动机启动无力，写出故障的部位及诊断方法。

_____

_____

_____。

(3) 启动机不能启动，写出故障部位及诊断方法。

_____

_____

_____。

2．将图6-1所示的启动机控制电路补充完整。

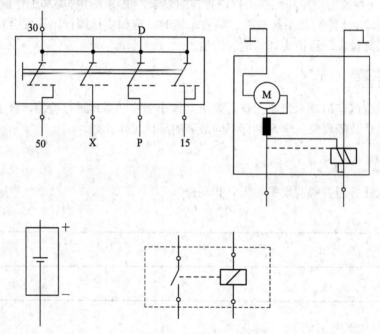

图 6-1　启动机控制电路

3．根据图6-1写出启动机控制原理。

_____

_____

_____

_____。

4. 根据实训车型分组制订故障诊断计划，完成表 6-1。

表 6-1 故障诊断计划

(一) 汽车启动系统故障现象描述				
(二) 故障部位原因分析				
(三) 根据实训车型画出启动电路图				
(四) 检测维修工具				
序号	工具名称	数量	检查工具是否完好	
1				
2				
3				
(五) 检测流程				
序号	项目	作业记录	序号	项目	作业记录
1			4		
2			5		
3			6		
结论和维修建议				
计划审核(教师)	年　　月　　日　　签名：			

5. 伊兰特汽车启动系统电路图如图 6-2 所示，对其启动系统电路图进行分析。

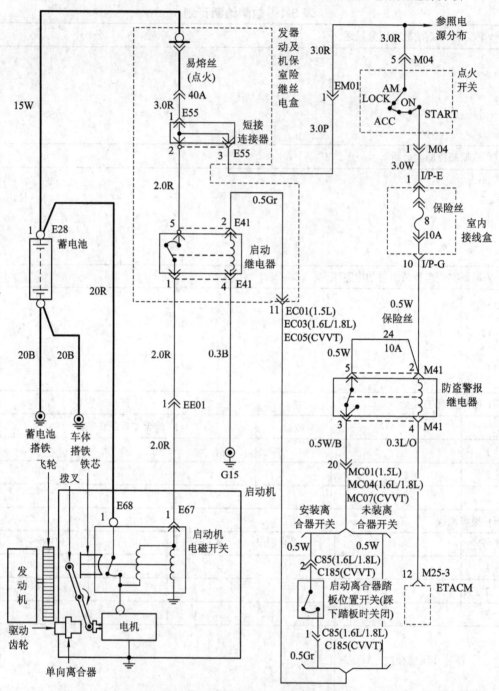

图 6-2　伊兰特汽车启动系统电路图

(1) 根据电路图分析可以得知，启动机上一共有＿＿＿＿＿＿个端子。

(2) ＿＿＿＿＿＿颜色端子为磁力开关的线；＿＿＿＿＿＿为到电池的电源线。

(3) 在正常启动的时候，磁力开关的线电压应为＿＿＿＿＿V。

(4) 如果从电瓶端测量电瓶的电压为 12 V，从启动机测得电压为 10 V，你认为有可能是什么原因导致的？

_____

_____。

6. 启动机空载测试。

(1) 用台钳固定启动机(注意使用铝板垫布)，正确连接好励磁线圈引线。

(2) 按图 6-3 所示方式，使用一根 3 头导线分别连接蓄电池电源以及"点火开关"端子、"+B"端子，另一根导线连接启动机壳体与蓄电池的负极(暂时不连接蓄电池负极)。

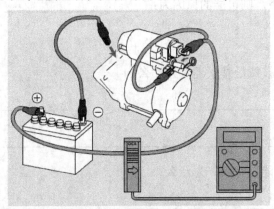

图 6-3　启动机空载测试

(3) 使用电压表的红、黑表笔分别连接蓄电池的正、负极。

(4) 使用万用表的电流钳夹住正极导线，使箭头朝向启动机一侧。

(5) 接通蓄电池负极，运转启动机，测得启动电流为：_____A，对应的启动电压为：_____V。如果启动电流过大，则可能的原因为：_____。

7. 启动系统负载测试。

(1) 确认蓄电池充电充足。

(2) 使用电流钳、万用表按图 6-4 所示方式连接。

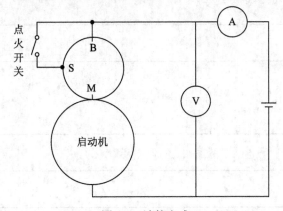

图 6-4　连接方式

(3) 确保发动机不能着车，但可以启动马达(断开曲轴、凸轮轴传感器，或者断开喷油器插头)。

(4) 由以上测试可知，启动电流为：_____A，启动电压为：_____V。

启动电流在冷车及热车时是否一样？为什么？_____。

如果启动电流过大，则可能的原因为：_____。

如果启动电流过小，则可能的原因为：_____。

如果启动电压过小，则可能的原因为：_____。

☞学习体会

1. 活动中对哪个技能最感兴趣？为什么？

_____

_____。

2. 活动中哪个技能最有用？为什么？

_____

_____。

3. 活动中哪个技能的操作可以改进，以使操作更方便实用？请写出操作过程。

_____

_____。

4. 你还有哪些要求与设想？

_____

_____。

☞评价与反馈

_____

_____

_____。

任务七

点火系统元件的组成与检测

☞**学习目标**

(1) 能借助维修手册，合理地选择维修工具，对汽车点火系统设备进行检查和维修。

(2) 能够检测汽车转速信号，进行波形分析及点火线圈、火花塞的检测。

(3) 认识点火系统的组成部件及各部件的作用。

☞**任务情景描述**

一客户反应其车辆发动机启动困难，无力，甚至有熄火现象。初步检查，发现火花塞电极积碳粘连严重，导致点火系统无法正常工作。现要求对点火系统各元件进行检测，记录检测数据，判定各元件的性能，排除故障。

☞**学习准备**

完成本次任务需要哪些设备、工具和耗材？

设备：_____。

工具：_____。

耗材：_____。

☞**工作内容**

1. 点火系统要在发动机各工况和使用条件下,都能保证可靠而准确地点燃可燃混合气,那么点火系统必须具备哪些基本要求?

(1) _____。

(2) _____。

(3) _____。

2. 汽油发电机点火系统承担了哪些任务?

_____

_____。

3. 标注图 7-1 中汽油发电机点火系统所对应的部件的名称，并将各部件的作用填入表 7-1 中。

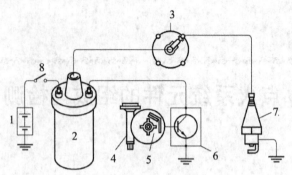

图 7-1　点火系统装置

表 7-1　点火系统部件名称及作用

编号	部件名称	作　用
1		
2		
3		
4		
5		
6		
7		
8		

4. 叙述火花塞工作原理，火花塞的热特性对发动机的工作有何影响？

_____

_____

_____

_____。

5. 就电极间隙测量而言，下面哪一个显示的是正确位置？（　　）

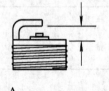　　　　　　

A.　　　　　　　B.　　　　　　　C.　　　　　　　D.

6．从下列各项中选择出有关火花塞正确状态的描述。（　　　）

A．绝缘子变为棕色。　　　　　　　　　B．电极边缘变圆。

C．整个表面变黑。　　　　　　　　　　D．绝缘子变为白色。

7．选择火花塞的正确维护描述。（　　　）

A．在电阻火花塞上，不要求检查火花塞间隙。

B．对于白金火花塞，如果变脏，则使用钢丝刷清理。

C．对于铱金火花塞，如果变脏，则使用火花塞清理器进行清理，不得使用钢丝刷。

D．在铱金火花塞上，无需进行火花塞间隙检查。如果火花塞变脏，则予以更换。

8．如何根据火花塞的热特性选择火花塞？

(1) 热型火花塞：_____。

(2) 冷型火花塞：_____。

9．点火线圈的主要故障有：_____。

用万用表测量点火线圈的初级绕组、次级绕组的电阻值。初级绕组的阻值为_____

_____Ω；次级绕组的阻值为_____kΩ。

10．火花塞的故障检修。火花塞的故障有：_____等。

火花塞电极间隙检查应使用_____，不得使用普通塞尺。火花塞的间隙

因车型车种的不同而异，如果间隙不符合标准，则应用专用工具弯曲(侧电极)进行调整。

11．标明图 7-2 所示火花塞部件的名称，并按序号进行排列。

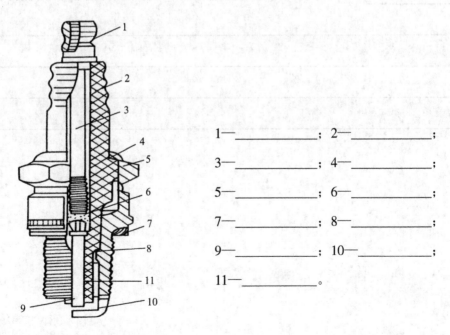

1—_____；2—_____；

3—_____；4—_____；

5—_____；6—_____；

7—_____；8—_____；

9—_____；10—_____；

11—_____。

图 7-2　火花塞的结构

☞学习体会

1. 活动中对哪个技能最感兴趣？为什么？

_____

_____。

2. 活动中哪个技能最有用？为什么？

_____

_____。

3. 活动中哪个技能的操作可以改进，以使操作更方便实用？请写出操作过程。

_____

_____。

4. 你还有哪些要求与设想？

_____

_____。

☞评价与反馈

_____

_____

_____

_____。

任务八

❀❀❀

晶体管点火系统的故障诊断

☞学习目标

(1) 熟悉点火系统各主要元件的作用、结构组成与工作原理。

(2) 掌握电子点火系统的线路连接和电路分析。

(3) 掌握电子点火系统的故障诊断和排除方法。

(4) 能通过检测设备，对点火系统常见故障进行正确的诊断与排除。

☞任务情景描述

一辆采用磁感应式电子点火系统的北京切诺基吉普车，发动机不能启动。初步检查，发现高压无火，判断点火系统有故障。现要求对点火系统各元件进行检测，记录故障现象和检测数据，判定各元件的性能，排除故障。

☞学习准备

完成本次任务需要哪些设备、工具和耗材？

设备：_____。

工具：_____。

耗材：_____。

☞工作内容

1. 叙述晶体管点火系统故障诊断与排除的一般程序。

_____

_____

_____

_____

_____

_____

2. 参照图 8-1 简述电磁感应式电子点火装置的工作原理，并在图 8-2 中画出电磁输出信号波形。

_____

_____

_____ 。

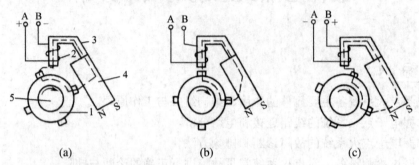

1—信号转子；2—传感线圈；3—衔铁；4—永久磁铁；5—分电器轴

图 8-1　磁脉冲信号发生器

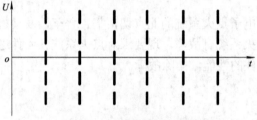

图 8-2　电磁输出信号波形

3. 参照图 8-3，简述霍尔效应式电子点火装置的工作原理，并在图 8-4 中画出霍尔输出信号波形。

_____

_____

_____ 。

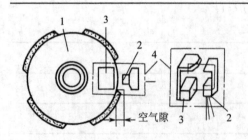

1—触发叶轮；2—霍尔集成块；
3—带导板的永久磁铁；4—霍尔传感器

图 8-3　霍尔信号发生器

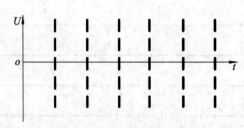

图 8-4　霍尔输出信号波形

4. 简述光电式电子点火装置的工作原理。

_____

_____

_____

_____。

5. 如何检查霍尔效应式点火系统的点火信号发生器和电子点火器？

_____

_____

_____

_____

_____

_____

_____

_____。

6. 写出图 8-5 中带序号部件的名称。

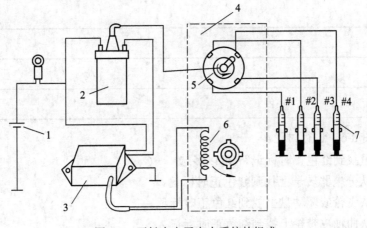

图 8-5　无触点电子点火系统的组成

1—_____；2—_____；3—_____；4—_____；
5—_____；6—_____；7—_____。

7. 磁感应式点火信号发生器的检查。检查转子凸齿与定子铁芯或凸齿之间的气隙，将检测参数填在表 8-1 中。检测感应线圈的电阻，将检测参数填在表 8-1 中，并与标准值比较。

表 8-1　磁感应式信号发生器检测参数

检测车型	气隙/mm	测量值	线圈电阻/Ω	测量值/Ω	备注

8. 简述如何利用图 8-6 所示正时灯进行点火正时的检查与调整。

图 8-6　点火正时灯的结构

_____

_____

_____

_____

_____

_____ 。

9. 参照图 8-6，进行讨论。

(1) 从哪里找到红色正时标记？(可以多选)　(　　　)

A. 可以从分电器转子上找到红色正时标记。

B. 可以从飞轮或驱动盘上找到红色正时标记。

C. 可以从曲轴皮带轮上找到红色正时标记。

D. 可以从凸轮轴皮带轮上找到红色正时标记。

(2) 红色正时标记指示的是下列哪一项？(　　　　)

A. 1 号气缸的上止点(TDC)。

B. 1 号气缸的基本正时角。

C. 1 号气缸的喷射正时。

D. 1 号气缸的气门开启角。

(3) 选择出点火正时检查时要求得到满足的所有条件。(　　　)

A. 发动机应当处于冷态。

B. 发动机应暖机且冷却风扇不在工作。

C. 所有电气部件均应接通。

D. 发动机应处于转速正确的怠速状态。

E. 点火正时不应由 ECM 或真空来控制。

F. 发动机转速应保持在 3000 rpm。

(4) 正时灯应连接到哪个部位？(　　　)

A. 正时灯将连接到 1 号点火线。

B. 正时灯将连接到 2 号点火线。

C. 正时灯将连接到 3 号点火线。

D. 正时灯将连接到 4 号点火线。

(5) 图 8-7 指示三种状态分别对应哪一个？从下面的 A～C 中选择。

A. 提前　　　　　　　　B. 延迟　　　　　　　　C. 基本正时

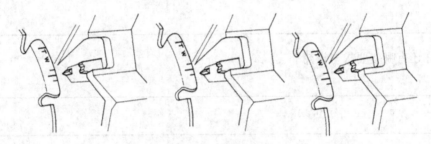

图 8-7　点火的三种状态

(6) 如图 8-8 所示，当点火正时提前或滞后于其限制范围时，应向哪个方向转动分电器？

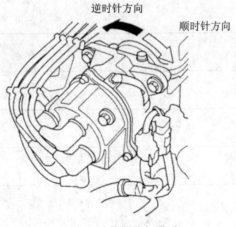

图 8-8　点火正时的提前与滞后

当点火正时提前于其限制范围时：_____。

当点火正时滞后于其限制范围时：_____。

1. 活动中哪个技能最感兴趣？为什么？

_____

_____。

2. 活动中哪个技能最有用？为什么？

_____

_____。

3. 活动中哪个技能的操作可以改进，以使操作更方便实用？请写出操作过程。

_____

_____。

4. 你还有哪些要求与设想？

_____

_____。

☞评价与反馈

_____

_____

_____

_____

_____。

任务九

微机控制点火系统故障诊断

☞学习目标

(1) 能借助维修手册，合理地选择维修工具，对汽车点火系统设备进行检查和维修。

(2) 熟悉微机点火系统各主要元件的作用、结构组成与工作原理。

(3) 学会与顾客和同事进行沟通，并对工作情况进行说明。

(4) 能进行微机控制点火系统的故障诊断分析和排除。

(5) 能通过检测设备，对点火系统常见故障进行正确的诊断与排除。

(6) 遵守用电安全、生产条例，避免出现意外事故。

☞任务情景描述

顾客反应其桑塔纳 2000GSi 汽车发动机不能启动，初步检查，发现高压无火，判断点火系统有故障。要求学习制订故障的维修工作计划，对该车的点火系统进行检测，查出故障原因并进行修复，记录工作过程及检测数据，将车辆数据填入检测报告。

☞学习准备

完成本次任务需要哪些设备、工具和耗材？

设备： _____。

工具： _____。

耗材： _____。

☞工作内容

1. 微机控制点火系统的基本组成。

(1) 根据图 9-1 写出微机点火系统各传感器的作用。

曲轴位置传感器： _____。

凸轮轴位置传感器： _____。

爆震传感器：_____。

节气门位置传感器：_____。

空气流量传感器：_____。

水温传感器：_____。

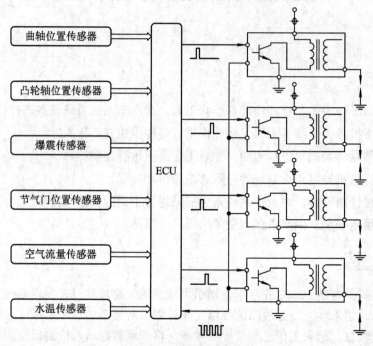

图 9-1　微机点火系统

(2) 无分电器微机控制点火系统的组成。无分电器微机控制点火系统即微机控制直接点火系统，写出图 9-2 及图 9-3 中带序号部件的名称。

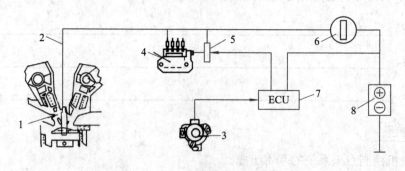

图 9-2　无分电器点火系统组成(一)

1—_____；2—_____；3—_____；4—_____；

5—_____；6—_____；7—_____；8—_____。

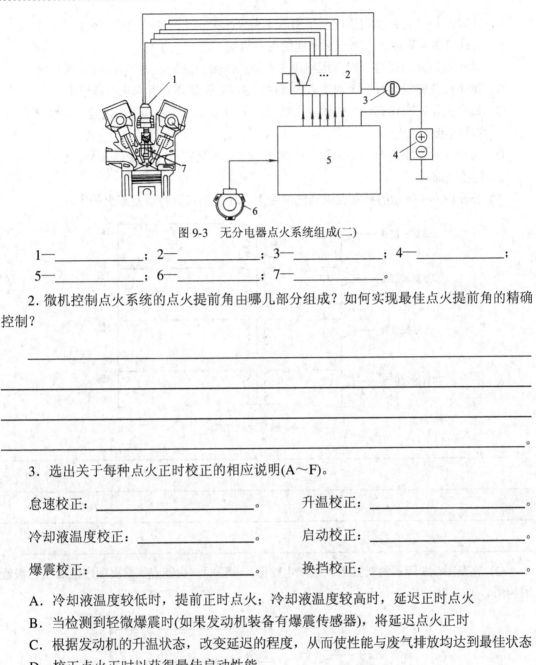

图 9-3 无分电器点火系统组成(二)

1—_____；2—_____；3—_____；4—_____；
5—_____；6—_____；7—_____。

2．微机控制点火系统的点火提前角由哪几部分组成？如何实现最佳点火提前角的精确控制？

_____

_____

_____

_____。

3．选出关于每种点火正时校正的相应说明(A～F)。

怠速校正：_____。　　　升温校正：_____。

冷却液温度校正：_____。　　　启动校正：_____。

爆震校正：_____。　　　换挡校正：_____。

A．冷却液温度较低时，提前正时点火；冷却液温度较高时，延迟正时点火

B．当检测到轻微爆震时(如果发动机装备有爆震传感器)，将延迟点火正时

C．根据发动机的升温状态，改变延迟的程度，从而使性能与废气排放均达到最佳状态

D．校正点火正时以获得最佳启动性能

E．换挡时，以预定角度延迟点火正时，从而控制发动机扭矩，使换挡震动降到最小

F．根据发动机实际怠速校正点火正时，从而获得目标怠速

4．请选出关于双点火线圈型点火系统的正确说明。(　　　)

A．与由 ECM 选择的点火线圈相连接的两个火花塞均通电，但仅在一个气缸内进行燃烧。

B．由 ECM 选择的点火线圈的 ICM 决定哪一个火花塞通电。

C．与由 ECM 选择的点火线圈相连接的两个火花塞均通电，在两个气缸内均进行燃烧。

D. 发动机转速达到预定值时，采用两个点火线圈实现更加有效的点火。

5. 请选出关于直接点火型点火系统的正确说明。（　　　）

A. 每个火花塞均通过一根高压导线与其点火线圈相连接。

B. 每个火花塞帽均有一个内置点火线圈。由ECM选择将哪个火花塞通电。

C. 每个火花塞帽均有一个内置点火线圈。分电器以适当的顺序向内置点火线圈提供初级电流。

D. 每个火花塞帽均有一个内置点火线圈。在这种配置下，不需要ICM。

6. 连接电路图。

(1) 补充图9-4所示的独立点火系统电路图，并说明点火特点及点火顺序。

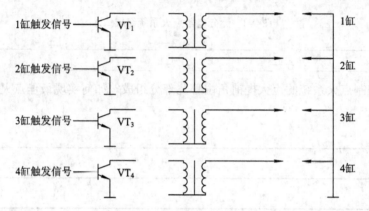

图9-4　独立点火系统

_____

_____

_____

_____。

(2) 补充图9-5所示的双缸点火系统电路图，并说明点火特点、点火顺序及高压二极管的作用。

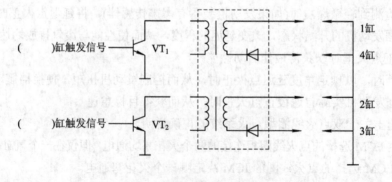

图9-5　双缸独立点火系统

_____

_____

_____

_____

_____ 。

7. 简述同时点火式点火系统中点火线圈分配式的配电原理。

_____

_____

_____

_____ 。

8. 参照图 9-6，完成微机控制点火系统的电路分析。

(1) 该车点火系统的主要组成元件有：_____

_____ 。

(2) 分析点火系统的工作过程：_____

_____

_____ 。

(3) 分析由于点火系统的原因导致发动机无法启动的故障：_____

_____

_____ 。

(4) 根据故障，确定诊断流程：_____

_____

_____

_____ 。

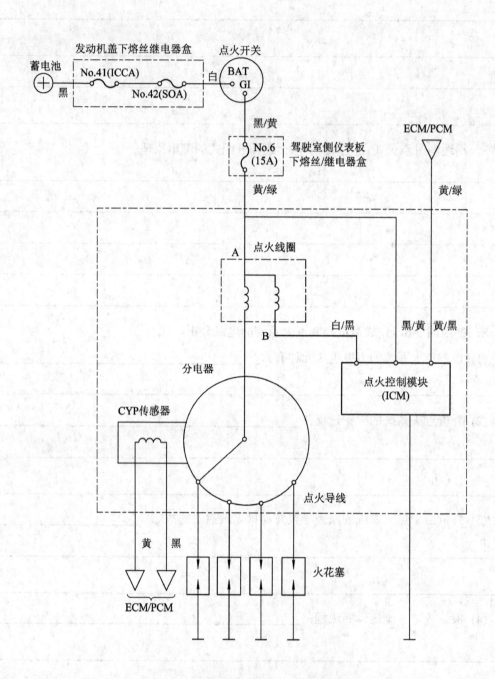

图 9-6　本田雅阁微机控制点火系统原理图

9. 完成表 9-1 和表 9-2。

表 9-1　点火系统故障诊断表

(一) 汽车点火系统故障现象描述

(二) 故障部位原因分析

(三) 根据车型画出点火系统电路图

(四) 检测维修工具

序号	工具名称	数量	检查工具是否完好
1			
2			
3			

(五)检测流程

序号	项目	作业记录	序号	项目	作业记录
1			4		
2			5		
3			6		
结论和维修建议	
计划审核(教师)	年　　月　　日　签名：

表9-2 点火系统故障排除表

××汽车维修服务有限公司任务委托书

地址： 电话： 传真： 日期：

客户名称		业务单号	
地址		车牌号码	
联系电话		联系人	车型
发电机号		行驶里程	颜色	维修方式
VIN 码		存油	预计完成日期

随车附件

有√　　无×　　损○

前照灯	转向灯	制动灯	示宽灯
牌照灯	车内灯	收录机	天线
点烟器	烟缸	电子扇	摇把
空调器	反光镜	室内镜	门窗玻璃
刮水器	喇叭	车门拉手	靠垫座套
脚垫	遮阳板	轴头亮盖	千斤顶
备胎	随车工具	前车牌号	后车牌号
运营牌	微标	前商标	左后商标
中后商标	右后商标		

存油
E└┴┴┴┴┴┴┘F

故障现象描述	
故障原因分析	

根据故障现象画出局部电路图。

序号	检测内容	结果分析	序号	检测内容	结果分析
1	高压电的检测	正常□ 不正常□	1	火花塞的外观检查	正常□ 不正常□
2	转速传感器信号波形的检测	正常□ 不正常□	2	火花塞电极间隙检查及调整	间隙为：
3	转速传感器信号、阻值的检测	阻值为：	3	火花塞发火性能检查	正常□ 不正常□
4	点火控制器电压的检测	电压为：	4	火花塞接头电阻的检测	阻值为：
5	点火控制器输出波形的检测	正常□ 不正常□	5	高压线的阻值检测	阻值为：
6	点火控制器输出电压的检测	电压为：	6	抗干扰接头电阻检测	阻值为：
7	点火系线圈的阻值检测	阻值为：	7	点火正时调整	正常□ 不正常□

结论：

※根据汽车维修行业管理部门规定： 小修或日常修保修期：三天或500 km； 发动机总成大修保修期：三个月或10000 km； 其他总成大修保修期：一个月或5000 km。 经办人：_____	※零件损坏是否更换　　口是　　口否 　本人对本单以上内容已经确认，并愿按上述要求进行维修和支付有关费用。 　本人已将车内现金、票据及贵重物品取走。

用户签字：_____

10. 分组检测与诊断点火系统故障并按表 9-3 的标准进行考核

表9-3　考 核 标 准

班　级		姓　名		学　号	
工　具	常用拆装工具1套 常用测量仪器1套		考试时间		月　日

工作任务：诊断与排除点火系统故障(根据车型设定故障)

| 考核项目 | 1. 点火系统高压电检查；
2. 汽车转速传感器的检测；(根据车型：霍尔式、电磁式)
3. 汽车点火控制器的检测；(输入电压、输出信号)
4. 火花塞的检查；
5. 点火正时的调整。 | | | |

序号	考核内容	配分	评分标准	
1	工具、仪器的使用方法	10	①操作规范，正确无误；②工具、仪器摆放有序，无损坏。	
2	高压电的检测	10	每漏检一项扣5分，检查不准确或不符合标准要求扣10分。	
3	转速传感器信号、阻值的检测	10	每漏检一项扣5分，检查不准确或不符合标准要求扣10分。	
4	点火控制器电压、输出波形、输出电压的检测	5	检查不准确或不符合标准要求扣5分。	
5	点火系线圈的阻值检测	10	每漏检一项扣5分，检查不准确或不符合标准要求扣10分。	
6	火花塞的外观、间隙检查	10	每漏检一项扣5分，检查不准确或不符合标准要求扣10分。	
7	火花塞发火性能检查	5	检查不准确或不符合标准要求扣5分	
8	高压线的阻值、干扰接头电阻检测	10	每漏检一项扣5分，检查不准确或不符合标准要求扣10分。	
9	点火正时调整	20	每漏检一项扣5分，检查不准确或不符合标准要求扣20分。	
10	操作规范，场地整洁有序	5	违反操作规程、环境不整洁每项扣2分，不符合标准扣5分。	
11	安全、文明操作	5	尊重师生、文明礼貌，不符合标准扣5分	
得分		考评人签名		日期	年　月　日

☞学习体会

1. 活动中对哪个技能最感兴趣？为什么？

_____

_____。

2. 活动中哪个技能最有用？为什么？

_____

_____。

3. 活动中哪个技能的操作可以改进，以使操作更方便实用？请写出操作过程。

_____

_____。

4. 你还有哪些要求与设想？

_____

_____。

☞评价与反馈

_____

_____

_____

_____

_____。

任务十

汽车照明与信号系统的检修

☞学习目标

(1) 能够认识照明与信号系统的作用。

(2) 掌握汽车照明与信号系统的工作原理与电路分析识读方法。

(3) 能借助维修手册，合理地选择维修工具，对汽车照明设备进行检查和维修。

(4) 通过小组工作培养团队能力。

(5) 能进行照明与信号系统的故障分析与诊断。

(6) 能养成遵守用电安全、生产条例，避免出现意外事故的安全意识。

☞任务情景描述

一辆丰田花冠汽车右近光灯不亮，急需修理。要求对前照灯电路进行检测，查出故障原因，进行修复，并对前照灯进行检测。学习制订不同故障的维修工作计划，根据前照灯电路和故障现象来制订相应的诊断流程，依据诊断流程来逐项检测，查找故障原因；同时可对前照灯进行检测，进而进行相应的调整。

☞学习准备

完成本次任务需要哪些设备、工具和耗材？

设备：_____。

工具：_____。

耗材：_____。

☞工作内容

1. 根据图 10-1 写出汽车组合式前照灯各部件的名称。

1—_____；2—_____；3—_____；4—_____；

5—_____；6—_____；7—_____；8—_____；

9—_____；10—_____。

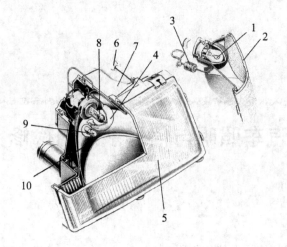

图 10-1　组合式前照灯

2. 根据图 10-2 写出汽车氙气大灯各部件的作用。

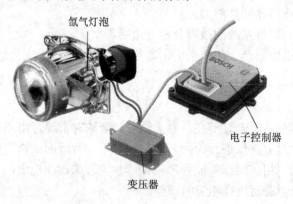

氙气灯泡

电子控制器

变压器

图 10-2　汽车氙气大灯总成

(1) 电子控制器的作用：_____

_____

_____。

(2) 变压器的作用：_____

_____

_____。

(3) 氙气灯泡的作用：_____

_____

_____。

3．根据电路图连接电路并分析电路图。

(1) 在图 10-3 所示的桑塔纳轿车照明电路中，连接电路图。

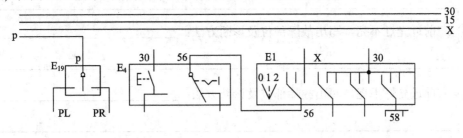

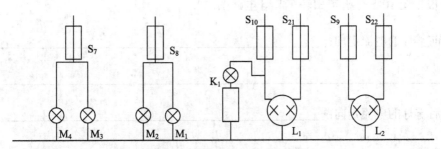

图 10-3　桑塔纳轿车照明电路图

(2) 根据图 10-4 分析丰田轿车电路图。

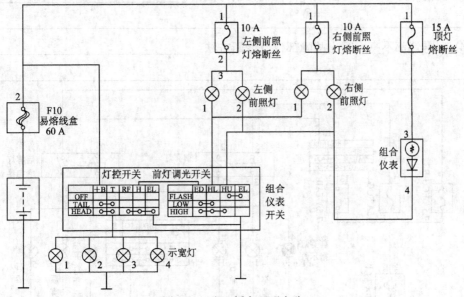

图 10-4　丰田轿车照明电路

① 示宽灯的电流走向：_____

_____。

② 近光灯的电流走向：_____

_____。

③ 远光灯的电流走向：_____

_____。

④ 左前近光灯不亮，写出故障部位及诊断方法：_____

_____。

⑤ 右前远光灯不亮，写出故障部位及诊断方法：_____

_____。

(3) 根据图 10-5 分析丰田轿车雾灯电路图。

① 前雾灯的电流走向：_____

_____。

② 后雾灯的电流走向：_____

_____。

③ 左前雾灯不亮，写出故障部位及诊断方法：_____

④ 后雾灯都不亮，写出故障部位及诊断方法：_____

_____。

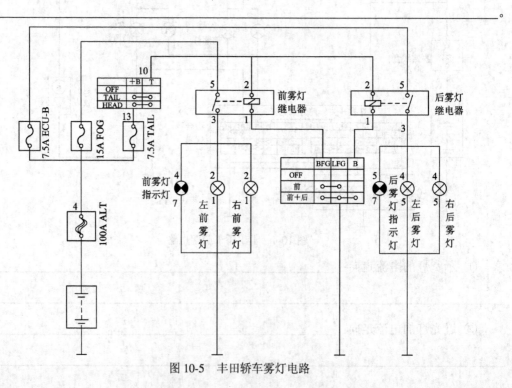

图 10-5　丰田轿车雾灯电路

(4) 根据图 10-6 分析丰田轿车转向灯的控制原理和应急灯的控制原理。

① 左转向灯的控制原理：_____

_____。

② 应急灯的控制原理：_____

_____。

③ 喇叭的控制原理：_____

_____。

④ 左前转向灯不亮，写出故障部位及诊断方法：_____

_____。

⑤ 右转向灯都不亮，写出故障部位及诊断方法：_____

_____。

⑥ 应急灯都不亮，写出故障部位及诊断方法：_____

_____。

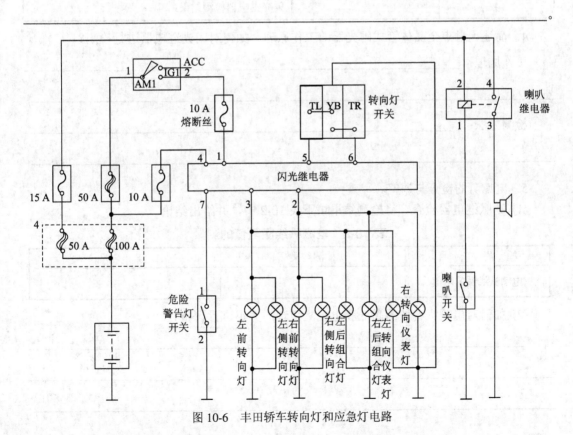

图 10-6　丰田轿车转向灯和应急灯电路

⑦ 完成表 10-1。

表 10-1 闪光器继电器端子电压和各端子作用

测试端子	测试条件		标准值
1—搭铁	点火开关 OFF 位置		
1—搭铁	点火开关 ON 位置		
4—搭铁	—		
2—搭铁	转向信号开关(右)OFF→ON		
3—搭铁	转向信号开关(左)OFF→ON		
5—搭铁	转向信号开关(左)OFF→ON		
6—搭铁	转向信号开关(右)OFF→ON		
7—搭铁	应急警告开关 OFF→ON		
端子	闪光继电器端子作用	端子	闪光继电器端子作用
1		5	
2		6	
3		7	
4		闪光继电器检测结果：	

4．简述无触点全晶体管式闪光器的工作原理。如何对闪光继电器进行检测？

工作原理：_____

_____。

检测方法：_____

_____。

5．电喇叭的检查与调整。

(1) 喇叭继电器检查。将检测结果填下表 10-2 中，并给出结论。

表 10-2 电喇叭线圈阻值的测量

检 测 项 目	检测结果	分 析
电喇叭线圈的阻值		

(2) 如何对电喇叭音调的高低和电喇叭声音的大小进行调整？

_____

_____

_____。

6. 完成表 10-3。

表 10-3 汽车照明与信号系统检修任务委托书

××汽车维修服务有限公司任务委托书

地址：			电话：		传真：		日期：	

客户名称				业务单号			
地址				车牌号码			
联系电话		联系人		车型			
发电机号		行驶里程		颜色		维修方式	
VIN 码		存油		预计完成日期			

随车附件	有√ 无× 损O			
	前照灯	转向灯	制动灯	示宽灯
	牌照灯	车内灯	收录机	天线
	点烟器	烟缸	电子扇	摇把
	空调器	反光镜	室内镜	门窗玻璃
	刮水器	喇叭	车门拉手	靠垫座套
	脚垫	遮阳板	轴头亮盖	千斤顶
	备胎	随车工具	前车牌号	后车牌号
	运营牌	微标	前商标	左后商标
	中后商标	右后商标		

存油
E|||||||F

故障现象描述	
可能故障原因分析	

根据故障现象画出局部电路图

序号	检查或检测内容	注意事项	理论值	实测值	结果分析
1	近光灯灯泡				
2	远光灯灯泡				
3	灯座电压				
4	远、近光灯保险				
5	前照灯继电器				
6	变光开关				
7	灯光组合灯开关				

结论：

※根据汽车维修行业管理部门规定：
小修或日常修保修期：三天或 500 km；
发动机总成大修保修期：三个月或 10000 km；
其他总成大修保修期：一个月或 5000 km。

经办人：＿＿＿＿＿＿＿

※零件损坏是否更换　　口是　　口否
　本人对本单以上内容已经确认，并愿按上述要求进行维修和支付有关费用。
　本人已将车内现金、票据及贵重物品取走。

用户签字：＿＿＿＿＿＿＿

7. 分组拆检汽车灯系，进行电路故障诊断与排除，并按表 10-4 的标准进行考核。

表 10-4 考 核 标 准

班 级		姓 名		学 号	
工 具	常用拆装工具 1 套 常用测量仪器 1 套		考试时间		年 月 日

工作任务：汽车灯光电路故障诊断(根据故障设定)

考核项目	1. 汽车灯总成拆装步骤(前照灯、尾灯总成) 2. 汽车灯光电路故障诊断(远近光灯、转向灯、刹车灯、防雾灯) 3. 汽车灯光开关检测(总开关、专项开关、应急开关)				

序号	考核内容	配分	评分标准	
1	车灯总成拆装步骤	10	拆解顺序正确、操作规范、标记正确无误；零部件摆放有序、无损坏。	
2	灯光检测(根据故障检测)	15	每漏检一项扣 5 分，检查不准确或不符合标准要求扣 15 分。	
3	灯光插头检测	10	每漏检一项扣 5 分，检查不准确或不符合标准要求扣 10 分。	
4	灯光保险检测	5	检查不准确或不符合标准要求扣 5 分。	
5	灯光继电器检测	20	每漏检一项扣 5 分，检查不准确或不符合标准要求扣 20 分。	
6	灯光开关检测	20	每漏检一项扣 5 分，检查不准确或不符合标准要求扣 20 分。	
7	操作规范、场地整洁有序、安全	10	违反操作规程、环境不整洁每项扣 2 分。	
8	文明素质	10	尊重师生、文明礼貌。	

得分		考评人签名		日期		年 月 日

☞学习体会

1. 活动中对哪个技能最感兴趣？为什么？

_____

_____。

2. 活动中哪个技能最有用？为什么？

_____

_____。

3. 活动中哪个技能的操作可以改进，以使操作更方便实用？请写出操作过程。

_____

_____。

4. 你还有哪些要求与设想？

_____

_____。

☞评价与反馈

学习评价目标	自评	互评	师评
1. 正确分出推拉式照明开关的 5 个接线柱端。			
2. 能用万用表分别测量各接线柱，分别出 1、2 挡的状态。			
3. 正确画出照明开关的表格表示图。			
4. 能分出旋转式照明开关的 6 个接线柱端。			
5. 能用万用表分别测量旋转式照明开关的 1、2 接通状态。			
6. 能画出旋转式照明开关中的各挡电流方向。			
7. 能判别多功能组开关的大灯接线柱。			
8. 活动中，环保意识及有关工作做得好。			
总体评价		教师签名	

任务十一

汽车仪表与报警信息系统的检修

☞学习目标

(1) 掌握汽车常用信息仪表的结构、工作原理和故障检测方法。

(2) 掌握汽车电子仪表的结构组成、工作原理和故障检测方法。

(3) 掌握汽车报警装置及指示灯的工作原理和故障检测方法。

(4) 能够分析常见车型仪表的控制电路。

(5) 能够对汽车仪表系统进行故障诊断与检修作业。

☞任务情景描述

一位顾客向维修店描述其奥迪 A6 轿车燃油表不指示。现要求对该车仪表系统进行检测，查出故障原因并进行修复，要求记录检测数据和工作过程。根据汽车电路故障诊断、检修方法进行综合分析，找出故障点。

☞学习准备

完成本次任务需要哪些设备、工具和耗材？

设备：_____。

工具：_____。

耗材：_____。

☞工作内容

1. 举例说明传统仪表的故障诊断方法。

_____

_____

_____

_____

2. 传统仪表的检验。将检测结果填入表 11-1～表 11-3 中，并给出检测结论。

表 11-1　机油压力表与传感器的检验

车型：	测量电阻值/Ω	校验偏差/%	结　论
油压表型号：			
传感器型号：			

表 11-2　冷却液温度表的检验

冷却液温度表线圈电阻	标准阻值/Ω	测量电阻值/Ω	结　论

表 11-3　燃油表的检验

燃油表线圈电阻	标准阻值/Ω	测量电阻值/Ω	结　论
传感器位置	标准阻值/Ω	测量电阻值/Ω	结　论
0/E(空) 1/2 1/F(满)			

3. 电子式车速里程表故障诊断。以奥迪 100 或帕萨特轿车为例，若汽车行驶中车速里程表指针不动，请画出故障诊断流程图。

4. 仪表装置构造研究记录。

(1) 观察车辆启动前后，仪表板上有什么变化？说明什么问题？

_____

_____

_____

_____

_____

_____

(2) 检测制动液面过低报警装置时，接通点火开关，无论制动液储油罐内是否有油，报警灯均亮，这说明什么问题？

_____

_____

_____

_____ 。

(3) 针对小组具体任务使用车型，分析其报警系统电路。

发动机工作后机油压力报警灯常亮。你认为该车出现此故障的原因可能有：_____

_____

_____

_____ 。

通过讨论，确定诊断流程_____

_____

_____

_____ 。

5．汽车上有哪些警报装置和指示灯？各有何作用？

_____

_____

_____ 。

6．现代汽车电子仪表检修中需要注意哪些事项？

_____

_____

_____ 。

7. 如何利用 V.A.G 1551/2 进行奥迪轿车数字仪表的故障自诊断？

_____

_____

_____

_____

_____

_____ 。

☞学习体会

1. 活动中对哪个技能最感兴趣？为什么？

_____

_____ 。

2. 活动中哪个技能最有用？为什么？

_____

_____ 。

3. 活动中哪个技能的操作可以改进，以使操作更方便实用？请写出操作过程。

_____

_____ 。

4. 你还有哪些要求与设想？

_____

_____ 。

☞评价与反馈

_____

_____

_____ 。

任务十二

风窗清洁装置的检修

☞**学习目标**

(1) 能认识刮水器与洗涤器的构造及其在汽车上的安装位置。

(2) 掌握电动刮水器、风窗玻璃洗涤器和除霜装置的基本结构及工作原理。

(3) 能进行风窗清洁装置的拆装。

(4) 能够分析刮水器控制电路图(低速、高速、间歇)。

(5) 能够正确检查电动刮水器、风窗玻璃洗涤器的工作线路，并对常见故障进行检修。

☞**任务情景描述**

顾客描述其汽车刮水器不工作，要求进行检测，查出故障原因并进行修复。首先记录故障现象，学习制订不同故障的维修工作计划；依据故障现象分析可能的故障原因，制订诊断流程，查出故障原因并进行修复，记录检查及调试结果。

☞**学习准备**

完成本次任务需要哪些设备、工具和耗材？

设备：_____。

工具：_____。

耗材：_____。

☞**工作内容**

1. 刮水器的各部件组成及电路控制原理。

(1) 根据图 12-1 写出刮水器总成名称。

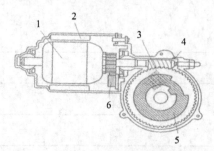

图 12-1　刮水器结构

1—_____；

2—_____；

3—_____；

4—_____；

5—_____；

6—_____。

(2) 根据图 12-2 写出三刷永磁式刮水器的工作过程。

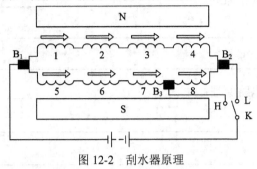

图 12-2　刮水器原理

_____

_____

_____ 。

(3) 同步振荡电路控制的间歇刮水器其电路如图 12-3 所示。

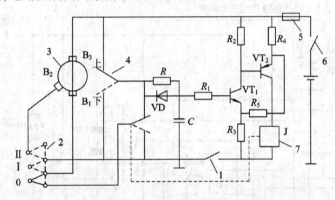

图 12-3　同步式间歇刮水器控制电路

① 写出图中带序号部件的名称。

　　1—_____；2—_____；3—_____；4—_____；

　　5—_____；6—_____；7—_____。

② 低速时的电流走向：_____

_____ 。

③ 自动回位时的电流走向：_____

_____ 。

2. 根据图 12-4 写出丰田轿车风窗玻璃刮水器控制电路的工作原理。

(1) 低速时的控制电路原理：_____

_____ 。

(2) 高速时的控制电路原理：_____

_____

_____。

(3) 间歇时的控制电路原理：_____

_____

_____。

(4) 洗涤时的控制电路原理：_____

_____

_____。

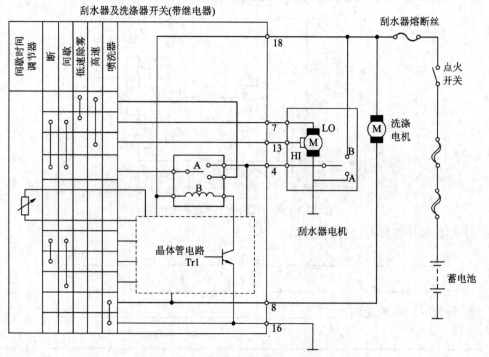

图 12-4　丰田轿车刮水器控制电路

3．刮水器电动机的检查。

(1) 图 12-5 所示为洗涤器联动检查标准，请根据图 12-6 写出低速检查的步骤：_____

_____

_____

_____。

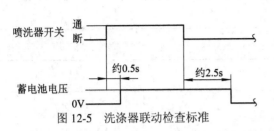

喷洗器开关 通
断

约0.5s 约2.5s

蓄电池电压

0V
图 12-5 洗涤器联动检查标准

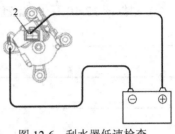

图 12-6 刮水器低速检查

(2) 根据图 12-7 写出刮水器电动机高速检查的步骤：_____

_____

_____。

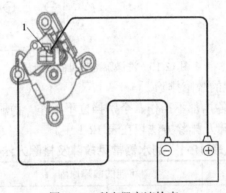

图 12-7 刮水器高速检查

(3) 根据图 12-8、图 12-9 写出刮水器自动复位检查的步骤：_____

_____

_____。

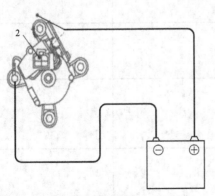

图 12-8 刮水器自动复位检查步骤 1

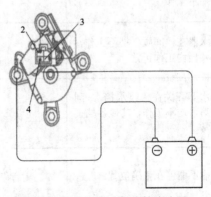

图 12-9 刮水器自动复位检查步骤 2

(4) 根据图 12-10 写出洗涤泵电动机的检查步骤: _____

_____

_____

_____。

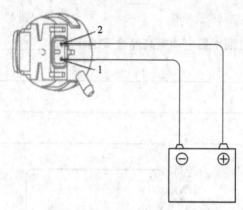

图 12-10　洗涤泵电动机的检查

4. 刮水器和清洗装置的故障排除。

刮水器常见故障包括各挡都不工作、个别挡位不工作、雨刷不能停在正确位置等。将刮水器和清洗装置常见故障及排除方法填在表 12-1 中。

表 12-1　刮水器常见故障及排除方法

故障现象	可能的故障原因	排除方法
接通点火开关,拨动刮水器各挡开关,刮水器均不工作		
刮水器在"慢挡"工作,其余各挡均不工作		
刮水器"快挡"工作正常,其余挡均不工作		
刮水器在"间歇"挡不工作,其他各挡均工作正常		
刮水器开关在"喷水挡",刮水与喷水均不工作,其他各挡工作正常		
雨刷不能停在正确位置		

5. 当关闭电动刮水器时，刮水片为什么总是在不影响驾驶员视线的下边缘停止？

_____

_____

_____

_____

_____。

6. 如何使用数字万用表检查雨刮开关的好坏？

_____

_____

_____

_____

_____。

☞学习体会

1. 活动中对哪个技能最感兴趣？为什么？

_____

_____。

2. 活动中哪个技能最有用？为什么？

_____

_____。

3. 活动中哪个技能的操作可以改进，以使操作更方便实用？请写出操作过程。

_____

_____。

4. 你还有哪些要求与设想？

_____

_____。

☞评价与反馈

_____

_____

_____

_____

_____。

任务十三

《《《《《《《《《《《《《《《《《《《《《《《《《《《《《《《《《《《《

电动座椅的检修

☞学习目标

(1) 能认识电动座椅电气系统各元件及其在汽车上的安装位置。

(2) 会识读电动座椅电路图。

(3) 能进行电动座椅系统的拆装。

(4) 能进行电动座椅的开关检测。

(5) 能进行电动座椅的电动机检测。

☞任务情景描述

一辆广州本田雅阁轿车按下电动座椅调节开关后，发现电动座椅在部分方向不能动作。要求对该车的电动座椅进行检测，查出故障原因并进行修复。记录故障现象，根据故障现象分析可能的故障原因，并确定诊断流程，按正确的操作规范逐项检测，查出故障原因并进行修复。

☞学习准备

完成本次任务需要哪些设备、工具和耗材？

设备：_____。

工具：_____。

耗材：_____。

☞工作内容

一、电动座椅的构造

1. 电动座椅一般由_____、_____和_____等组成。

2. 大多数电动座椅使用电动机，通过开关来操纵，使电动机按不同方向旋转。电动机的旋转运动是通过_____来进行的。

3. 上下调整机构由蜗杆轴、蜗轮、芯轴等组成,如图 13-1 所示,写出图中所示带序号部件的名称。

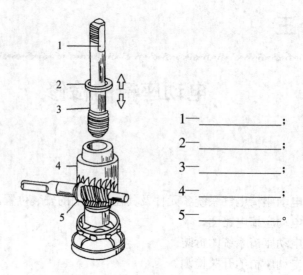

1—_____;

2—_____;

3—_____;

4—_____;

5—_____。

图 13-1 上下调整机构

4. 前后调整机构由蜗杆、蜗轮、齿条、导轨等组成,如图 13-2 所示。写出图中所示带序号部件的名称。

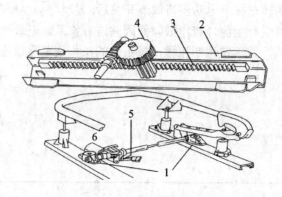

图 13-2 前后调整机构

1—_____; 2—_____; 3—_____;

4—_____; 5—_____; 6—_____。

二、电动座椅的控制电路

广州本田雅阁轿车的驾驶席座椅有 8 种可调方式:前端上、下调节;后端上、下调节;前、后调节;向前、向后倾斜调节,其控制电路如图 13-3 所示。

通过电动座椅调节开关,即可完成不同的调节功能,如电动座椅前端上、下调节,其电路为以下两种。

(1) 向上调节。当将电动座椅前端上、下调节开关拨到"向上"位置时，电路中的电流流向为：_____

_____

_____。

(2) 向下调节。当将电动座椅前端上、下调节开关拨到"向下"位置时，电路中的电流流向为：_____

_____

_____。

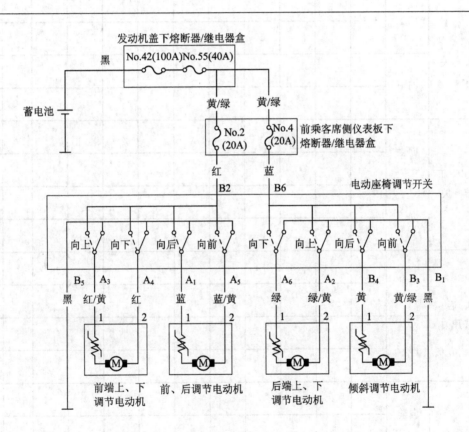

图 13-3　广州本田雅阁轿车驾驶席电动座椅的控制电路

三、电动座椅的故障诊断与检测

以广州本田雅阁轿车的电动座椅为例。

1. 检测电动座椅调节开关。拆开调节开关的两个 6 芯插头，如图 13-4 所示。当调节开关处在各调节位置时，检查两个 6 芯插头各端子之间的导通情况，填入表 13-1 中(可以用连线进行表示)。各个连线的端子间的阻值都应为零，才说明整个调整开关正常。

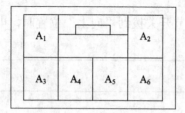 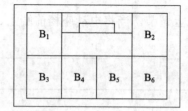

图 13-4　调节开关的两个 6 芯插头

表 13-1　检查各调节电动机的工作情况

开关位置	端子	A_1	A_2	A_3	A_4	A_5	A_6	B_1	B_2	B_3	B_4	B_5	B_6
前端上、下调节开关	向上												
	向下												
后端上、下调节开关	向上												
	向下												
前、后调节开关	向前												
	向后												
靠背倾斜调节开关	向前												
	向后												

2. 检测电动座椅调节电动机。将两个 6 芯插头的某两端分别接蓄电池的正、负极，检查端子填入表 13-2 中。注意：当电动机停止运转时，应立即断开端子与蓄电池的连接。

表 13-2　检查各调节电动机的工作情况

工作情况 ＼ 电源		电　源　正　极	电　源　负　极
前端上、下调节电动机	向上		
	向下		
后端上、下调节电动机	向上		
	向下		
前、后调节电动机	向前		
	向后		
靠背倾斜调节电动机	向前		
	向后		

☞学习体会

1. 活动中对哪个技能最感兴趣？为什么？

_____

_____ 。

2. 活动中哪个技能最有用？为什么？

_____

_____ 。

3. 活动中哪个技能的操作可以改进，以使操作更方便实用？请写出操作过程。

_____

_____

_____ 。

4. 你还有哪些要求与设想？

_____

_____ 。

_____

_____

_____

_____

_____

_____ 。

任务十四

电动后视镜的检修

☞ **学习目标**

(1) 能认识电动后视镜系统各元件及其在汽车上的安装位置。

(2) 会识读奥迪、北京现代、丰田卡罗拉等车型电动后视镜的电路图。

(3) 能进行电动后视镜系统的拆装。

(4) 能进行电动后视镜的开关检测。

(5) 能进行电动后视镜的电动机检测。

☞ **任务情景描述**

一辆北京现代轿车电动后视镜装置不工作，要求对该车的电动后视镜系统进行检测，查出故障原因并进行修复，记录工作过程及检测数据。通过对电动后视镜电路的分析，熟悉电动后视镜系统的工作原理，根据故障现象分析可能的故障原因，并确定诊断流程，按正确操作规范逐项检测，查出故障原因，并总结电动后视镜系统常见故障的诊断与排除程序。

☞ **学习准备**

完成本次任务需要哪些设备、工具和耗材？

设备：＿＿＿＿＿＿＿＿＿＿＿＿＿＿＿＿＿＿＿＿＿＿＿＿＿＿＿＿＿＿＿。

工具：＿＿＿＿＿＿＿＿＿＿＿＿＿＿＿＿＿＿＿＿＿＿＿＿＿＿＿＿＿＿＿。

耗材：＿＿＿＿＿＿＿＿＿＿＿＿＿＿＿＿＿＿＿＿＿＿＿＿＿＿＿＿＿＿＿。

☞ **工作内容**

一、电动后视镜的控制电路

1. 根据图 14-1 分析电动后视镜的控制原理。

(1) 左后视镜的向左向右电流流向＿＿＿＿＿＿＿＿＿＿＿＿＿＿＿＿＿＿

＿＿＿＿＿＿＿＿＿＿＿＿＿＿＿＿＿＿＿＿＿＿＿＿＿＿＿＿＿＿＿＿＿＿＿。

(2) 右后视镜的向上向下电流流向_____

_____

_____ 。

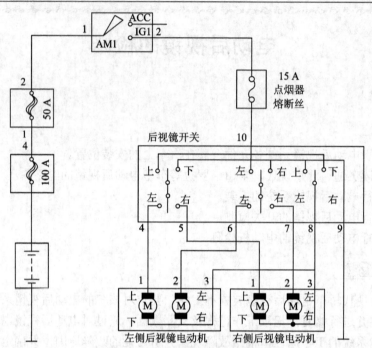

图 14-1　电动后视镜的控制电路

2. 根据图 14-1 分析后视镜开关总成的检测，完成表 14-1。

表 14-1　电动后视镜开关总成的检测

后视镜	端子号 动作	1	2	3	4	5	6	7	8	9	10
左	上										
	下										
	OFF										
	左										
	右										
右	上										
	下										
	OFF										
	左										
	右										

3. 完成表 14-2 的电动后视镜故障诊断表。

表 14-2　电动后视镜故障诊断表

故障现象	故障原因	故障排除方法	
电动后视镜均不能动		□更换	□修理
		□更换	□修理
		□更换	□修理
一侧电动后视镜不能动		□更换	□修理
		□更换	□修理
		□更换	□修理
一侧电动后视镜上下方向不能动		□更换	□修理
		□更换	□修理
		□更换	□修理
一侧电动后视镜左右方向不能动		□更换	□修理
		□更换	□修理
		□更换	□修理

二、奥迪 A4 轿车电动后视镜故障的诊断与检测

奥迪 A4 轿车电动后视镜系统电路如图 14-2 所示。

(1) 该车电动后视镜系统的主要组成元件有：＿＿＿＿＿＿＿＿＿＿＿＿＿＿＿＿＿＿＿＿＿。

(2) 电动后视镜开关状态有几种？各开关状态下的工作过程如何(写出电流回路)？

＿＿

＿＿＿＿＿＿＿＿＿＿＿＿＿＿＿＿＿＿＿＿＿＿＿＿＿＿＿＿＿＿＿＿＿＿＿＿＿＿＿。

(3) 请描述该车电动后视镜系统的故障现象。

＿＿

＿＿＿＿＿＿＿＿＿＿＿＿＿＿＿＿＿＿＿＿＿＿＿＿＿＿＿＿＿＿＿＿＿＿＿＿＿＿＿。

(4) 分析故障原因，写出你认为该车出现此故障的可能原因。

＿＿

＿＿＿＿＿＿＿＿＿＿＿＿＿＿＿＿＿＿＿＿＿＿＿＿＿＿＿＿＿＿＿＿＿＿＿＿＿＿＿。

(5) 根据由简单到复杂的原则，通过小组讨论，确定诊断流程。

_____

_____

_____。

(6) 按照制订的诊断流程进行逐项检测，记录各步骤的数据，并对数据进行分析，确定故障原因，进行修复或更换。

_____

_____。

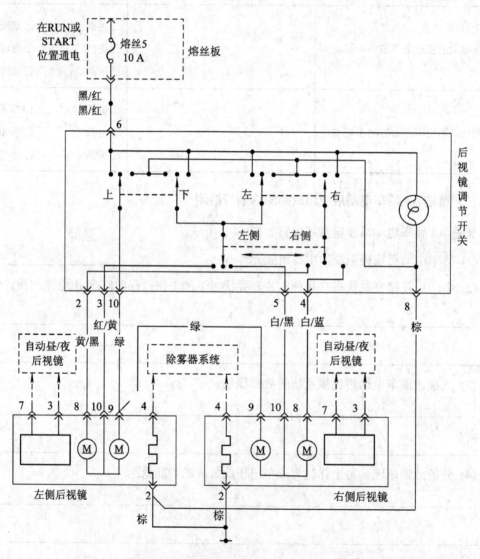

图 14-2　奥迪 A4 轿车电动后视镜系统电路

☞学习体会

1. 活动中对哪个技能最感兴趣？为什么？

_____

_____。

2. 活动中哪个技能最有用？为什么？

_____

_____。

3. 活动中哪个技能的操作可以改进，以使操作更方便实用？请写出操作过程。

_____

_____。

4. 你还有哪些要求与设想？

_____

_____。

☞评价与反馈

_____

_____

_____

_____

_____。

任务十五

电动车窗的检修

☞**学习目标**

(1) 能认识电动车窗系统各元件及其在汽车上的安装位置。

(2) 会识读电动车窗电路图。

(3) 能进行电动车窗系统的拆装。

(4) 能进行电动车窗的开关检测。

(5) 能进行电动车窗的电动机检测。

☞**任务情景描述**

一辆卡罗拉轿车，按下控制开关后，发现驾驶员侧电动车窗不能自动升降，而其他各车窗可以自由升降。要求对该车的电动车窗系统进行检测，查出故障原因并进行修复。记录故障现象，学习制订不同故障的维修工作计划，通过对电动车窗控制电路的分析，熟悉电动车窗系统的工作原理，根据故障现象分析可能的故障原因，查出故障原因并进行修复。

☞**学习准备**

完成本次任务需要哪些设备、工具和耗材？

设备：＿＿＿＿＿＿＿＿＿＿＿＿＿＿＿＿＿＿＿＿＿＿＿＿＿＿＿＿＿。

工具：＿＿＿＿＿＿＿＿＿＿＿＿＿＿＿＿＿＿＿＿＿＿＿＿＿＿＿＿＿。

耗材：＿＿＿＿＿＿＿＿＿＿＿＿＿＿＿＿＿＿＿＿＿＿＿＿＿＿＿＿＿。

☞**工作内容**

一、电动车窗的构造

写出图 15-1 与图 15-2 中电动车窗各个部件的名称。

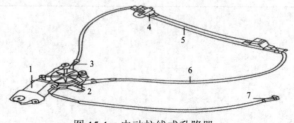

图 15-1　电动拉线式升降器

1—＿＿＿＿＿；2—＿＿＿＿＿；3—＿＿＿＿＿；4—＿＿＿＿＿；

5—＿＿＿＿＿；6—＿＿＿＿＿；7—＿＿＿＿＿。

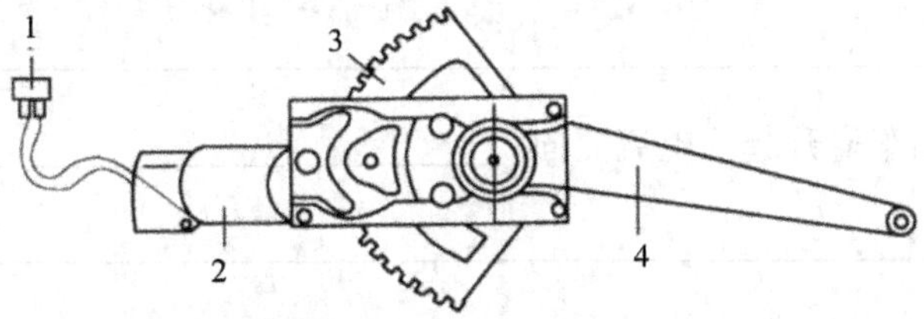

图 15-2　电动门窗转升降器

1—＿＿＿＿＿；2—＿＿＿＿＿；3—＿＿＿＿＿；4—＿＿＿＿＿。

二、电动车窗控制电路的工作原理

1. 根据图 15-3 写出左前门电动车窗升、降控制原理。

(1) 左前门电动车窗升起的电流流向：＿＿＿＿＿＿＿＿＿＿＿＿＿＿＿＿＿

＿＿＿＿＿＿＿＿＿＿＿＿＿＿＿＿＿＿＿＿＿＿＿＿＿＿＿＿＿＿＿＿＿＿＿＿。

(2) 左前门电动车窗降落的电流流向：＿＿＿＿＿＿＿＿＿＿＿＿＿＿＿＿＿

＿＿＿＿＿＿＿＿＿＿＿＿＿＿＿＿＿＿＿＿＿＿＿＿＿＿＿＿＿＿＿＿＿＿＿＿。

2. 根据图 15-3 写出右后门电动车窗升、降控制原理。

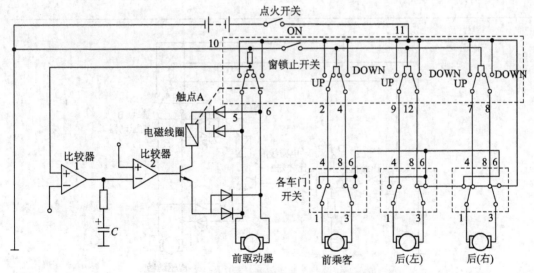

图 15-3　北京现代轿车电动车窗控制电路

(1) 右后门电动车窗降落的电流流向：_____

_____

_____。

(2) 右后门电动车窗升起的电流流向：_____

_____

_____。

3. 分析现代轿车电动车窗控制电路。

(1) 乘客右前门电动车窗升起的电流流向：_____

_____

_____。

(2) 乘客右前门电动车窗降落的电流流向：_____

_____

_____。

4. 根据图 15-4 写出自动控制玻璃升降的控制原理。

_____

_____

_____。

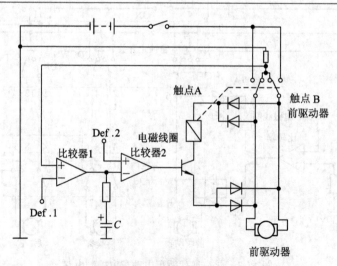

图 15-4　自动车窗控制电路

三、电动车窗的检修及故障诊断

1. 根据图 15-5 完成表 15-1 电动车窗的检修及故障诊断表。

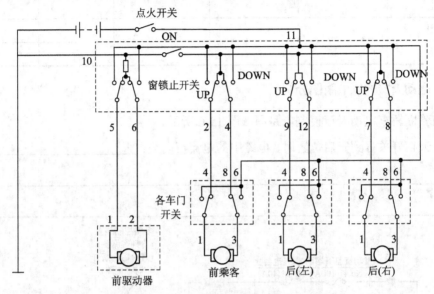

图 15-5 电动车窗控制电路

表 15-1 电动车窗的检测与故障诊断

常见故障	故障原因	诊断思路
某个车窗只能向一个方向运动		
某个车窗两个方向都不能运动		
所有车窗均不能升降或偶尔不能升降		
两个后车窗分开关不起作用		

2. 根据图 15-5 用万用表的欧姆挡按照表 15-2 检查总开关在车窗处于上升、下降和关闭状态时各个端子的导通(利用划线方式表示导通)情况。

表 15-2 检查表 1

端子 位置	左前				右前				左后				右后			
	5	6	10	11	2	4	10	11	9	10	11	12	7	8	10	11
向上																
关闭																
向下																

3. 根据图 15-5 用万用表的欧姆挡按照表 15-3 检查乘客车窗分开关在车窗处于上升、下降和关闭状态时各个端子的导通(利用划线方式表示导通)情况。

表15-3　检查表2

位置 \ 端子	1	3	4	6	8
向上					
关闭					
向下					

四、电动天窗控制电路图分析

本田雅阁轿车电动天窗控制电路图如图15-6所示。

电动天窗开关打到开启位置时，电路中的电流流向为：_____

_____

_____。

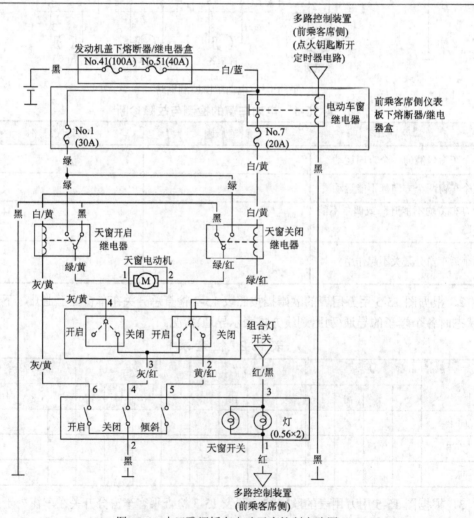

图15-6　本田雅阁轿车电动天窗控制电路图

五、电动车窗故障的诊断

1. 分组进行电动车窗故障诊断并按表 15-4 所示的标准进行考核。

表 15-4 考 核 标 准

班 级		姓 名		学 号	
工 具	常用拆装工具 1 套，常用测量仪器 1 套		考试时间	年 月 日	
工作任务：某个电动车窗不工作故障诊断方法			车型：		

考核项目	1. 电动车窗面板拆装步骤　　4. 接线插头检测 2. 驾驶员总开关故障诊断　　5. 电动车窗电机检测 3. 乘客控制开关故障诊断　　6. 电动车窗机械检查				

检 查 内 容	检 查 结 果
电动车窗面板拆装步骤	
电动车窗总开关、插头插座检测	总开关□　乘客开关□　电动机□　保险□ 接线插头□
电动车窗电机、乘客开关检测	

序号	考核内容	配分	评分标准	
1	电动车窗面板拆装步骤	10	① 拆解顺序正确、操作规范、标记正确无误； ② 零部件摆放有序、无损坏。	
2	驾驶员总开关故障诊断	20	每漏检一项扣 5 分，检查不准确或不符合标准要求扣 20 分。	
3	乘客控制开关故障诊断	10	每漏检一项扣 5 分，检查不准确或不符合标准要求扣 10 分。	
4	接线插头检测	10	每漏检一项扣 5 分，检查不准确或不符合标准要求扣 10 分。	
5	电动车窗电机检测	15	每漏检一项扣 5 分，检查不准确或不符合标准要求扣 15 分。	
6	电动车窗机械检查	15	每漏检一项扣 5 分，检查不准确或不符合标准要求扣 15 分。	
7	操作规范、场地整洁有序、安全	10	违反操作规程、环境不整洁每项扣 2 分。	
8	文明素质	10	尊重师生、文明礼貌。	
得分	考评人签名		日期	年 月 日

2. 完成表 15-5。

表 15-5 电动车窗检修任务委托书

××汽车维修服务有限公司任务委托书

| 地址： | | 电话： | | | 传真： | | 日期： | |

客户名称				业务单号			
地址				车牌号码			
联系电话		联系人		车型			
发电机号		行驶里程		颜色		维修方式	
VIN 码		存油		预计完成日期			

随车附件	有√　　无×　　损O				
	前照灯	转向灯	制动灯	示宽灯	
	牌照灯	车内灯	收录机	天线	
	点烟器	烟缸	电子扇	摇把	
	空调器	反光镜	室内镜	车窗玻璃	
	刮水器	喇叭	车门拉手	靠垫座套	
	脚垫	遮阳板	轴头亮盖	千斤顶	
	备胎	随车工具	前车牌号	后车牌号	
	运营牌	微标	前商标	左后商标	存油
	中后商标	右后商标			E|||||||F

故障现象描述	
可能故障原因分析	

根据故障现象画出局部电路图。

序号	检 测 内 容	结果分析	序号	检 测 内 容	结果分析
1	车窗保险的检测		1	乘客的右前门开关检测	
2	车窗继电器的检测		2	乘客的左后门开关检测	
3	驾驶员门窗总开关的电压检测		3	乘客的右后门开关检测	
4	左前门开关的检测		4	乘客的右前门电机检测	
5	右前门开关的检测		5	乘客的左后门电机检测	
6	左后门开关的检测		6	乘客的右后门电机检测	
7	右后门开关的检测		7	驾驶员车窗电机的检测	

结论：

※根据汽车维修行业管理部门规定：
小修或日常修保修期：三天或 500 km；
发动机总成大修保修期：三个月或 10000 km；
其他总成大修保修期：一个月或 5000 km。
经办人：＿＿＿＿＿＿＿＿＿＿

※零件损坏是否更换　　口是　　口否
　本人对本单以上内容已经确认，并愿按上述要求进行维修和支付有关费用。
　本人已将车内现金、票据及贵重物品取走。

用户签字：＿＿＿＿＿＿＿＿＿＿

☞学习体会

1. 活动中对哪个技能最感兴趣？为什么？

_____

_____。

2. 活动中哪个技能最有用？为什么？

_____

_____。

3. 活动中哪个技能的操作可以改进，以使操作更方便实用？请写出操作过程。

_____

_____。

4. 你还有哪些要求与设想？

_____

_____。

☞评价与反馈

_____

_____

_____

_____

_____。

任务十六

电动门锁的检修

☞学习目标

(1) 能认识电动中央门锁系统各元件及其在汽车上的安装位置。
(2) 会识读电动中央门锁电路图。
(3) 能进行电动中央门锁系统的拆装。
(4) 能进行电动中央门锁的开关检测。
(5) 能进行电动中央门锁的电动机检测。

☞任务情景描述

　　一辆别克轿车电动中央门锁系统不工作，要求对该车的电动中央门锁系统进行检测，查出故障原因并进行修复。记录故障现象，学习制订故障的维修工作计划，通过对电动中央门锁电路的分析，熟悉中央门锁系统的工作原理，根据故障现象分析可能的故障原因，并确定诊断流程，按正确操作规范逐项检测，查出故障原因，并总结出电动中央门锁系统常见故障的诊断与排除程序。

☞学习准备

　　完成本次任务需要哪些设备、工具和耗材？

设备：_____。

工具：_____。

耗材：_____。

☞工作内容

一、直流电动机式中央门锁的组成

直流电动机式中央门锁的操纵机构如图 16-1 所示，写出图中各部件的名称。

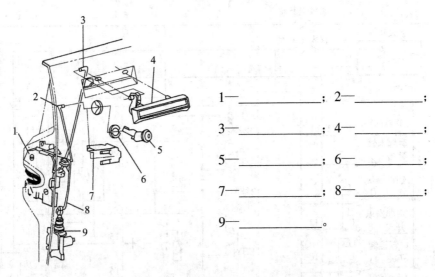

1——_____; 2——_____;

3——_____; 4——_____;

5——_____; 6——_____;

7——_____; 8——_____;

9——_____。

图 16-1 直流电动机式中央门锁的操纵机构

二、电动门锁控制原理

1．门锁控制开关的作用：_____

_____。

2．钥匙操纵开关的作用：_____

_____。

3．行李舱门开启器开关的作用：_____

_____。

4．行李舱门开启器的作用：_____

_____。

5．根据图 16-2 写出集成电路(IC)继电器控制的电动中央门锁控制器的工作过程。

(1) 锁门：_____

_____

_____。

(2) 开锁：_____

_____

_____。

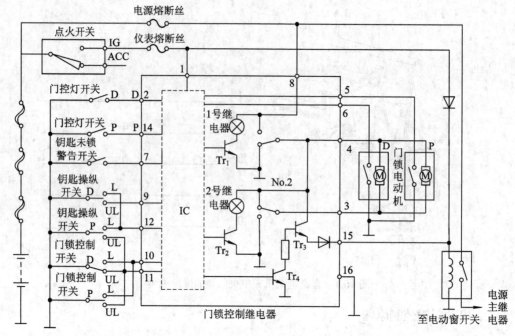

图 16-2　中控门锁控制电路

三、电动中央门锁故障与排除

完成表 16-1。

表 16-1　电动中央门锁故障与排除表

(一) 汽车电动中央门锁故障现象描述
(二) 故障部位原因分析
(三) 根据车型画出电动门锁控制电路图

(四) 检测维修工具			
序号	工具名称	数量	检查工具是否完好
1			
2			
3			

(五) 检测流程

序号	项目	作业记录	序号	项目	作业记录
1			4		
2			5		
3			6		
结论和维修建议					
计划审核 (教师)		年　月　日　签名：			

☞学习体会

1. 活动中对哪个技能最感兴趣？为什么？

_____

_____。

2. 活动中哪个技能最有用？为什么？

_____

_____。

3. 活动中哪个技能的操作可以改进，以使操作更方便实用？请写出操作过程。

_____

_____。

4. 你还有哪些要求与设想？

_____

_____

_____。

☞评价与反馈

_____

_____

_____

_____。

任务十七

❀❀

汽车空调系统的构造与性能测试

☞学习目标

(1) 正确描述空调系统的基本知识、基本组成和基本工作原理。
(2) 正确描述空调制冷系统的组成、基本工作原理和主要组成件的结构及工作原理。
(3) 会对空调制冷系统进行维护和简单故障的排除。
(4) 掌握汽车空调系统的维护和检修的基本方法。

☞任务情景描述

一顾客反应其桑塔纳轿车在使用多年以后,感觉空调的制冷效果明显变差。经初步检查,发现汽车空调压缩机的表面有明显油迹,疑似有冷冻机油泄漏现象。现要求对该系统进行检修,查出故障原因并进行修复。

☞学习准备

完成本次任务需要哪些设备、工具和耗材?

设备: _____。

工具: _____。

耗材: _____。

☞工作内容

一、汽车空调系统的组成

根据图 17-1 写出汽车空调系统的工作原理。

_____

_____

_____

_____。

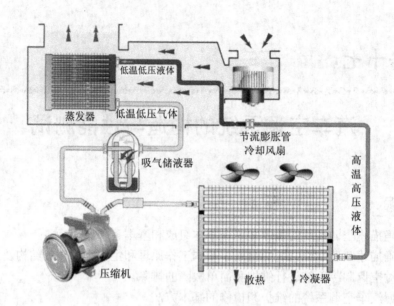

图 17-1　汽车空调系统

二、暖风系统

1. 根据图 17-2 写出空调暖风系统的工作过程。

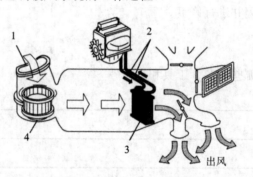

1—进风；2—发动机冷却水；3—加热器芯；4—鼓风机

图 17-2　空调暖风系统

_____

_____

_____ 。

2. 分析图 17-2，完成下列各题。

(1) 加热器芯的作用：_____

_____ 。

(2) 水阀的作用：_____

_____。

(3) 鼓风机的作用：_____

_____。

(4) 将下列 A 到 D 项描述与相应的控件对应起来。

风扇控制：_____。

温度控制：_____。

模式控制：_____。

新鲜空气/循环空气控制：_____

A. 该控件用于控制空气混合风门和加热阀。

B. 该控件用于控制暖风风门、除霜风门和通风风门。

C. 该控件用于调节送风机的转速。

D. 该控件用于控制循环控制风门；利用此控制杆，可以在新鲜空气模式与循环模式之间进行切换。

三、汽车空调系统

1. 依照图 17-3，写出空调控制面板中标号的名称。

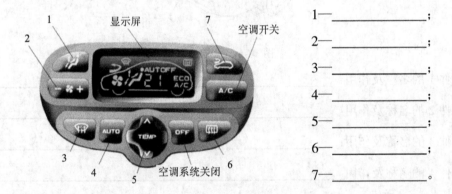

1—_____ ;
2—_____ ;
3—_____ ;
4—_____ ;
5—_____ ;
6—_____ ;
7—_____ 。

图 17-3　空调控制面板 1

2. 依照图 17-4，写出汽车空调控制面板的作用。

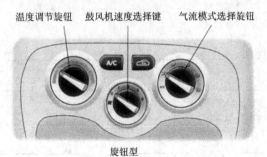

温度调节旋钮　　鼓风机速度选择键　　气流模式选择旋钮

旋钮型

图 17-4　空调控制面板 2

(1) 温度调节旋钮: _____

_____。

(2) 鼓风机速度选择键: _____

_____。

(3) 气流模式选择旋钮: _____

_____。

3. 写出图 17-5 中各部件的名称及作用。

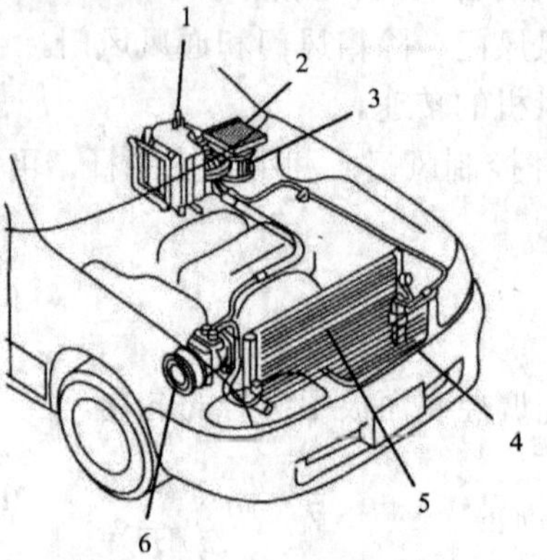

图 17-5　汽车空调

部件 1 的名称及作用: _____。

部件 2 的名称及作用: _____。

部件 3 的名称及作用: _____。

部件 4 的名称及作用_____。

部件 5 的名称及作用: _____。

部件 6 的名称及作用: _____。

4. 压缩机。

(1) 写出压缩机的作用: _____

_____。

(2) 写出图 17-6 中各标号的名称。

1—_____; 2—_____; 3—_____;

4—_____; 5—_____。

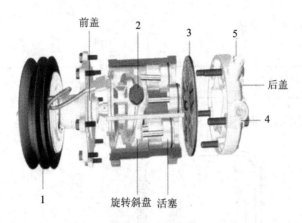

图 17-6 压缩机

(3) 实训车的压缩机是什么类型的？_____；有多少个活塞？_____；活塞是单向的还是双向的？_____。

(4) 使用厚薄规测量电磁离合器吸盘的间隙为：_____，标准值为：_____。

如果此间隙过小，则会出现何故障？_____。

如果此间隙过大，则会出现何故障？_____。

如果此间隙大小不符合标准，如何维修？_____。

(5) 下列哪一个保护性设备直接安装在压缩机上？(　　　　)

A. 节温器　　　　　　　　　　　　B. 可熔螺栓

C. 双压开关　　　　　　　　　　　D. 隔热器

5. 依据图 17-7 所示的储液罐，完成下列各题。

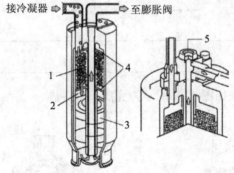

图 17-7 储液罐

(1) 安装位置：_____

_____。

(2) 储液罐的功用：_____

_____。

(3) 写出图中各标号的名称。

1—＿＿＿＿＿＿；2—＿＿＿＿＿＿；3—＿＿＿＿＿＿；

4—＿＿＿＿＿＿；5—＿＿＿＿＿＿。

6. 内平衡式热力膨胀阀如图 17-8 所示，完成下列各题。

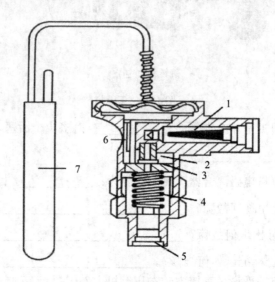

图 17-8　内平衡式热力膨胀阀

(1) 写出图中各标号的名称。

1—＿＿＿＿；2—＿＿＿＿＿；3—＿＿＿＿＿；4—＿＿＿＿；

5—＿＿＿＿；6—＿＿＿＿＿；7—＿＿＿＿＿。

(2) 膨胀阀的作用：＿＿＿＿＿＿＿＿＿＿＿＿＿＿＿＿＿＿＿＿＿

＿＿＿＿＿＿＿＿＿＿＿＿＿＿＿＿＿＿＿＿＿＿＿＿＿＿＿＿＿＿＿＿。

7. 汽车空调压力开关如图 17-9 所示，完成下列各题。

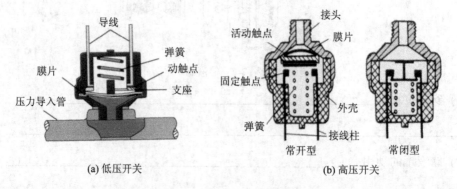

(a) 低压开关　　　　　　　　(b) 高压开关

图 17-9　汽车空调压力开关

(1) 低压开关的作用：_____

_____

_____。

(2) 低压开关的工作原理：_____

_____

_____。

(3) 高压开关的作用：_____

_____

_____。

(4) 高压开关的工作原理：_____

_____

_____

_____。

8. 汽车空调蒸发器如图 17-10 所示，完成下列各题。

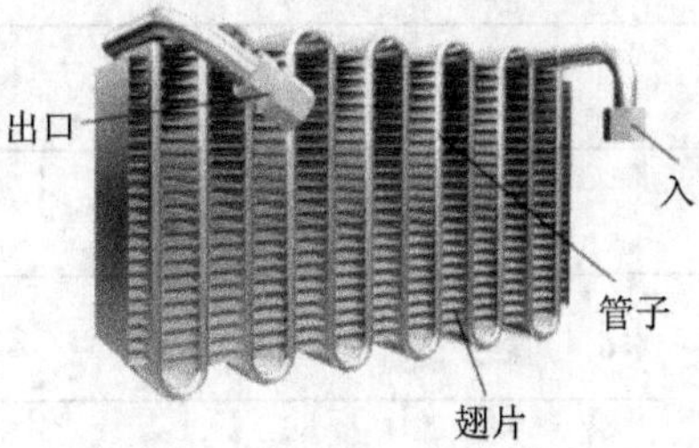

出口　　管子　　入口　　翅片

图 17-10　管片式蒸发器

(1) 蒸发器的作用：_____

_____

_____

_____。

(2) 蒸发器的安装位置：_____

_____

_____

_____。

9. 汽车空调冷凝器如图 17-11 所示，完成下列各题。

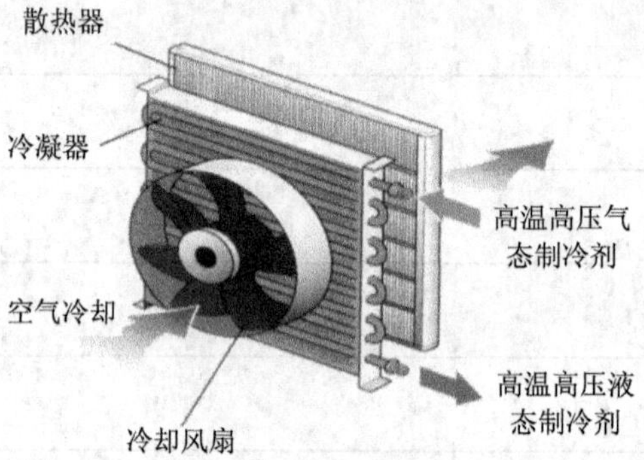

散热器

冷凝器

空气冷却

冷却风扇

高温高压气
态制冷剂

高温高压液
态制冷剂

图 17-11　汽车空调冷凝器

(1) 冷凝器的作用：_____

_____

_____

_____。

(2) 冷凝器的安装位置：_____

_____

_____。

(3) 冷却风扇的作用：_____

_____

_____

_____。

四、汽车空调制冷系统的工作原理

根据图 17-12 所示的制冷循环示意图，完成下列内容。

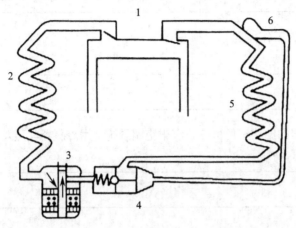

1—压缩机；2—冷凝器；3—储液干燥器；4—膨胀阀；5—蒸发器；6—感温包

图 17-12　制冷循环示意图

(1) 写出压缩过程的工作原理。

_____

_____

_____

_____。

(2) 写出冷凝过程的工作原理。

_____

_____

_____。

(3) 写出节流过程的工作原理。

_____

_____

_____。

(4) 写出蒸发过程的工作原理。

_____

_____。

(5) 写出干燥过程的工作原理。

_____

_____。

(6) 冷凝器与蒸发器的结构有何特点？汽车空调系统常用冷凝器与蒸发器分为哪些类型？

_____

_____。

五、桑塔纳空调控制电路

1. 根据电路图 17-13 写出冷却风扇电路的电流流向。

_____

_____。

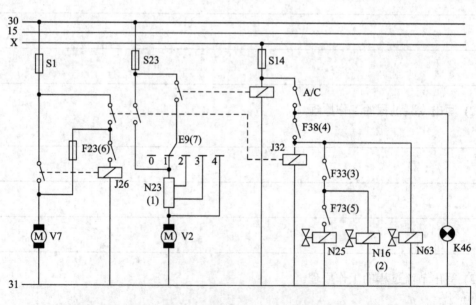

N23—调速电阻；V7—冷却风扇；V2—鼓风机；N25—压缩机电磁离合器；N16—怠速电磁阀；
N63—新鲜空气电磁阀；J32—空调继电器；J26—冷却风扇继电器；K46—空调指示灯；
S1、S23、S14—熔断丝；F38—室温开关；F33—温控器；F73—低压开关；F23—高压开关；
E9—风扇转速调节开关

图 17-13 桑塔纳空调控制电路

2．根据电路图 17-13 写出鼓风机电路的电流流向。

_____

_____。

3．根据电路图 17-13 写出压缩机电路的电流流向。

_____

_____。

4．写出图 17-13 中各编号器件的作用。

(1) N23_____。

(2) N16_____。

(3) F33_____。

(4) F38_____。

(5) F73_____。

(6) F23_____。

(7) E9_____。

☞学习体会

1．活动中对哪个技能最感兴趣？为什么？

_____

_____。

2．活动中哪个技能最有用？为什么？

_____

_____

_____。

3．活动中哪个技能的操作可以改进，以使操作更方便实用？请写出操作过程。

_____

_____

_____。

4. 你还有哪些要求与设想？

_____

_____

_____。

☞ 评价与反馈

_____

_____

_____

_____

_____

_____。

任务十八

汽车空调系统的检修

☞学习目标

(1) 能够按要求完成抽真空的工作过程。
(2) 能够按要求完成加注制冷剂的工作过程。
(3) 掌握汽车空调控制系统的控制原理。
(4) 具有对汽车空调常见故障进行分析、诊断和排除的能力。
(5) 会利用电路图判断空调控制电路故障。

☞任务情景描述

一顾客反映其桑塔纳3000轿车使用中当按下空调开关进行制冷时，出风口出风量正常却无冷风，车内温度无法降低。现要求对该系统进行检测，查出故障原因并进行修复。收集车辆相关信息，查阅资料，了解不同车型的汽车空调系统的相关知识。对桑塔纳3000轿车空调制冷系统及电路进行分析，理解空调制冷系统的工作过程；依据故障现象分析可能的原因，制订诊断流程；选择合适的仪器进行检测，查出故障原因并进行修复。

☞学习准备

完成本次任务需要哪些设备、工具和耗材？

设备：_____。

工具：_____。

耗材：_____。

☞工作内容

一、歧管压力表的组成

根据图18-1写出歧管压力表各标号的名称。

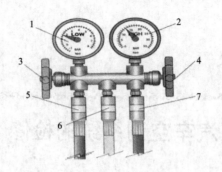

图 18-1　歧管压力表

1—_____；2—_____；3—_____；4—_____；
5—_____；6—_____；7—_____。

二、制冷剂的回收和加注使用

1. 回收。

(1) 实训中制冷系统的制冷剂标准加注量为_____g，使用回收加注机回收制冷剂时设定回收值为_____g。

(2) 回收制冷剂时，回收加注机的高压阀_____，低压阀_____(打开/关闭)。

2. 抽真空。

(1) 设置抽真空时间为_____分钟，高压阀_____，低压阀_____，启动抽真空程序。

(2) 抽真空完成后，高压压力为_____bar，低压压力为_____bar。

(3) 抽真空完成后需要进行真空测漏：将高压阀_____，低压阀_____，保持足够长时间而真空度不下降。

3. 添加机油。

(1) 提前在回收加注机的润滑机油储液罐中添加足量的新机油，打开机油加注阀，将_____毫升润滑机油吸进车辆的空调管路中。

注意：如果润滑机油加注量过少，会造成_____；如果润滑机油加注量过多，会造成_____。

(2) 关闭机油加注阀，再执行 5 分钟的抽真空程序，因为：_____
_____。

(3) 依据维修手册，在表 18-1 中填写制冷系统中润滑机油量的标准。

表 18-1　润滑机油量标准　　　　　　　　　　　　(单位：毫升)

元件	加油量
蒸发器	
冷凝器组件	
软管	
硬管	

4．加注制冷剂。

(1) 关闭发动机，在回收加注机中设置制冷剂加注量为＿＿＿＿＿＿g。

(2) 将回收加注机的高压阀＿＿＿＿＿，低压阀＿＿＿＿＿＿＿，按下启动按钮。

(3) 加注完成后，关闭高、低压阀门。此时系统的高压压力为＿＿＿＿bar/MPa，低压压力为＿＿＿＿bar/MPa。

(4) 启动空调，检查车辆的制冷是否良好？＿＿＿＿＿＿＿＿＿＿。

5．讨论：

(1) 从高压侧加注的制冷剂是＿＿＿＿态，从低压侧加注的制冷剂是＿＿＿＿态。

(2) 从高压侧加注能否运转空调？＿＿＿＿(能/否)，因为：＿＿＿＿＿＿＿。

(3) 从低压侧加注能否倒置存储罐？＿＿＿＿(能/否)，因为：＿＿＿＿＿＿＿。

(4) 从低压侧加注能否用火加热存储罐？＿＿＿＿，因为：＿＿＿＿＿＿＿。

(5) 应当采取下列哪些措施以保护一个空的空调系统？(　　　)

A．至少应将系统敞开 24 小时，以便让所有的制冷剂挥发掉。

B．在修理期间，应将所有的开口牢固地堵塞。

C．应采用压缩空气清理系统。

D．每天应将系统运行几分钟以防止压缩机卡滞。

(6) 在进行制冷剂回收操作时，必须遵守下列哪项操作前注意事项(允许有多项选择)？(　　　)

A．必须佩带安全护目镜以保护眼睛。

B．制冷剂容器应存放在车间内温度最高的地方。

C．必须确认车间具备良好的通风条件。

D．在怠速下，发动机必须运转至散热风扇启动两次。

6．现在你是否能够独立完成制冷剂的加注、抽真空和回收。

是□　　　　　　　　否□

三、制冷剂泄漏检查

1. 利用电子检漏仪。

(1) 确认电子检漏仪的组成：＿＿＿＿＿＿＿＿＿＿＿＿＿＿＿＿＿＿＿＿＿＿。

(2) 在高压或低压维修孔处设置轻微泄漏，使用电子检漏仪进行泄漏测试。测试时检测头放于泄漏点的上方还是下方？＿＿＿＿＿＿。如果检测到泄漏，则电子检漏仪出现什么现象？＿＿＿＿＿＿＿＿＿＿＿＿＿＿＿＿＿＿＿＿＿＿＿＿。

(3) 为了不使电子检漏仪失灵，使用时需确保以下注意事项：

　　①＿＿＿＿＿＿＿＿＿＿＿＿；②＿＿＿＿＿＿＿＿＿＿＿＿。

2. 讨论。

(1) 结合实际情况，写出制冷系统容易出现泄漏的位置。

＿＿＿＿＿＿＿＿＿＿＿＿＿＿＿＿＿＿＿＿＿＿＿＿＿＿＿＿＿＿＿＿＿

＿＿＿＿＿＿＿＿＿＿＿＿＿＿＿＿＿＿＿＿＿＿＿＿＿＿＿＿＿＿＿＿。

(2) 制冷剂测漏的方法除了电子检漏仪测漏和紫外线灯检漏仪测漏以外，还包括哪些？

＿＿＿＿＿＿＿＿＿＿＿＿＿＿＿＿＿＿＿＿＿＿＿＿＿＿＿＿＿＿＿＿＿

＿＿＿＿＿＿＿＿＿＿＿＿＿＿＿＿＿＿＿＿＿＿＿＿＿＿＿＿＿＿＿＿。

(3) 建议对 R-134a 系统采用下列哪种泄漏检测方法？（　　　）

A．使用荧光染色式泄漏检测仪进行检查。

B．在该系统完全加注或未完全加注的情况下，使用肥皂水进行检查。

C．在该系统完全加注的情况下，使用电子泄漏检测仪进行检查。

D．在该系统完全加注或未完全加注的情况下，使用电子泄漏检测仪进行检查。

(4) 检测低压管路时，应当怎样进行泄漏检测？（　　　）

A．应当在该系统接通的情况下进行检测。

B．应当在该系统断开的情况下进行检测。

C．应当在该系统接通或断开的情况下进行检测。

D．应当在该系统接通和断开两种情况下进行检测。

(5) 检测高压管路时，应当怎样进行泄漏检测？（　　　）

A．应当在该系统接通的情况下进行检测。

B．应当在该系统断开的情况下进行检测。

C．应当在该系统接通或断开的情况下进行检测。

D．应当在该系统接通和断开两种情况下进行检测。

四、歧管压力表法检测制冷系统

复习歧管压力表法检测制冷系统的方法，完成表 18-2。

表 18-2 歧管压力表法检测制冷系统

序号	压 力 情 况	现 象	原因分析	处理方法
1	低压侧　　高压侧	1. 低压侧和高压侧压力都低； 2. 观察窗可以看到气泡流动； 3. 制冷不足		
2	低压侧　　高压侧	1. 低压侧和高压侧压力都高； 2. 即使在低速时也看不到气泡； 3. 制冷不足		
3	低压侧　　高压侧	使用一段时间之后，低压侧逐渐显示真空，一段时间后又正常		

序号	压 力 情 况	现 象	原因分析	处理方法
4	低压侧　　　　高压侧	1. 低压侧压力特别高或高压侧压力特别低； 2. 关闭空调时，低压侧和高压侧压力立即变成相同		
5	低压侧　　　　高压侧	1. 如果循环管路完全阻塞，则低压侧压力会立即显示真空。如果循环管路部分阻塞，则低压侧会逐渐显示真空； 2. 阻塞部位前后有温差		
6	低压侧　　　　高压侧	1. 低压侧和高压侧压力都高； 2. 低压管触摸时感觉不冷； 3. 观察窗可以看到气泡		
7	低压侧　　　　高压侧	1. 低压侧和高压侧压力都高； 2. 低压侧管路结霜		

五、歧管压力表和真空泵的使用

1. 根据图 18-2 回答抽真空的目的是什么？如何利用歧管压力表和真空泵抽真空？

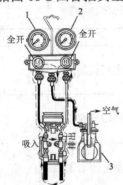

1—低压计；2—高压计；3—真空泵

图 18-2　制冷系统抽真空

_____

_____

_____

_____

_____

_____。

2. 根据图 18-3 和图 18-4 写出制冷剂的充注操作步骤。

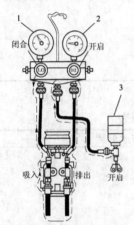

1—低压计；2—高压计；3—制冷剂罐

图 18-3　从高压侧加注制冷剂

(1) 高压侧充注法：_____

_____

_____

_____

_____

_____。

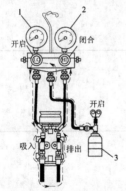

1—低压计；2—高压计；3—制冷剂罐

图 18-4　从低压侧加注制冷剂

(2) 低压侧充注法：_____

_____

_____

_____

_____

_____。

六、汽车空调维修作业记录表

1. 完成作业前准备表 18-3。

表 18-3　作业前准备表

序号	项　目	作业记录	序号	项　目	作业记录
1	汽车停放和三角块放置状况		5	发电机机油液位	
2	座套、方向盘套、换挡手柄套、脚垫、翼子板护围安装状况		6	冷却液液位	
3	仪器、设备、工具数量		7	蓄电池电压	
4	线束连接状况		8	空调皮带松紧度	
9	鼓风机最大挡正吹时(外循环)仪表台正面各出风口风速:				

2. 完成汽车空调系统故障诊断表 18-4。

表 18-4　汽车空调系统故障诊断表

序号	项　目	作业记录
1	故障现象确认	故障现象描述:
2	故障可能原因	
3	故障检测结果	
4	检测结果分析及故障点确认	

3. 完成汽车空调制冷剂的回收与加注表 18-5。

表 18-5　汽车空调制冷剂的回收与加注表

序号	项　目	作　业　记　录
1	制冷剂纯度检测	海拔高度设定：
		纯度检测结果：
		检测结果判断：
2	制冷剂泄漏检查	检漏方法：
		泄漏部位：
3	回收管路连接	管路连接结果：
4	制冷剂回收	制冷剂回收结果：
5	制冷剂净化	制冷剂净化结果：
6	初抽真空	抽真空时间设定：
		抽真空结果：
7	保压	保压后真空度：
		结果判断：
8	注油	排出油量：
		注油瓶的油量：
		设定注油量：
		实际注油量：
9	抽真空	抽真空时间设定：
		抽真空结果：
10	定量加注制冷剂	加注量设定：
		加注结果：
11	管路回收	管路回收结果：
12	空调性能检测	空调系统类型设置：
		汽车空调诊断仪诊断结果：
		高压侧压力：
		低压侧压力：
		环境温度：　　　　　　环境湿度：
		空调出风温度：　　　　出风口湿度：
		根据吸气压力与周围环境温度图表进行标注
		根据送风温度与周围环境温度图表进行标注
		空调性能检验结果：

七、空调维修

进行空调维修的实际操作，完成表 18-6。

表 18-6　空调维修项目实操评分表

序号	评分项目	配分	评 判 标 准	得分
一	作业前准备	5	共 10 项，每项 0.5 分。要求动作到位、方法正确、数值正确，三条中任一条不规范，该项不得分。没有检查皮带，扣 0.5 分；万用表没有归零，扣 0.5 分	
二	初始化检查	7	共 7 项，每项 1 分。要求动作到位、方法正确、数值正确，三条中任一条不规范，该项不得分。(注意出风口的检查，没有检查后排出风口，扣 0.5 分)	
三	制冷剂回收、加注			
1	制冷剂纯度检测	5	未进行海拔高度设定，扣 1 分	
			未正确连接管路，扣 1 分(低压管)	
			未记录检测结果，扣 1 分	
			未正确判断检测结果，扣 2 分	
2	制冷剂泄漏检查	10	未先检测空调压力，扣 4 分	
			未对该检查部位(高压接口、低压接口、高压传感器、蒸发箱进口、蒸发箱出口、压缩机进口、压缩机出口，低压管中间等共 8 个)接头进行检漏，少一个扣 0.5 分，共 4 分	
			未记录检测结果，扣 1 分	
			未正确判断检测结果，扣 1 分	
3	空调初始压力检查	7	记录不正确一项扣 1 分	
			发动时间不到 3 分钟扣 1 分(基本上没有人能做到)	
4	制冷剂回收	10	在连接高低压接头之前没有没有关掉阀门，扣 1 分	
			未进行排气，扣 1 分	
			工作罐初始制冷剂量记录错误，扣 1 分	
			未记录回收后空调压力，扣 1 分	
			未记录回收量，扣 2 分	
			未完成制冷剂回收，扣 3 分	
			未记录排出油量，扣 1 分	
5	制冷剂净化(不做净化)	2	单一制冷剂的纯度标准：R134a 大于 96%	
			制冷剂的净化方法：设备自动净化	
6	初抽真空	6	未设定抽真空时间(3 分钟)，扣 1 分	
			未完成抽真空过程，扣 3 分	
			未记录抽真空结果，扣 2 分	

序号	评分项目	配分	评 判 标 准	得分
7	加注冷冻机油	4	未记录注油瓶的油量，扣1分	
			未正确设定注油量，扣1分	
			实际注油量不正确，扣2分	
8	再抽真空	6	未设定抽空时间(5分钟)，扣1分	
			未完成抽真空过程，扣2分	
			未记录抽真空结果，扣1分	
			未设定保压时间(1分钟)，扣1分	
			未记录保压后的真空度，扣1分	
9	定量加注制冷剂	8	未正确设定加注量，扣1分	
			未完成制冷剂加注，扣3分	
			未记录加注结果，扣2分	
			完成后未正确拆卸管路(先关掉阀门)，扣1分	
			未清理管路，扣1分	
10	空调性能检验	15	未正确设置空调系统，扣3分	
			未记录高压侧压力，扣1分	
			未记录低压侧压力，扣1分	
			未记录环境温度，扣1分	
			未记录环境湿度，扣1分	
			未记录空调出风温度，扣1分	
			未记录空调出风湿度，扣1分	
			未根据吸气压力与周围环境温度图表进行标注，扣2分	
			未根据空调送风温度与周围环境温度图表进行标注，扣2分	
			未正确判断空调性能，扣2分	
11	安全文明规范操作	15	工装以及工作现场不整洁(三角木没有收回，1个扣0.25分，共1分；翼子板没有收回，1个扣0.25分，4件套没有收回，1套扣0.25分，共1分；工具没有收回，扣1分，共3分	
			未能规范使用设备仪器、工量具，扣3分(其中，移动冷媒回收加注机前没有解开轮子锁扣，扣1分，移动后没有锁定，扣1分)	
			出现影响安全的操作，扣2分	
			完工后没有对高低压接头进行检漏，扣1分	
			电瓶正级柱盖子没有盖好，扣1分	
			没有检查手制动扣1分	
			跨线扣1分	
			接触高低压阀门不带橡胶手套扣1分	
			接触高低压阀未带护目镜扣1分	
			未按要求进行环保处理(没有开启尾排)，扣1分	
操作用时			分　　　秒	
合计		100		

1. 活动中对哪个技能最感兴趣？为什么？

_____

_____

_____ 。

2. 活动中哪个技能最有用？为什么？

_____

_____

_____ 。

3. 活动中哪个技能的操作可以改进，以使操作更方便实用？请写出操作过程。

_____

_____

_____ 。

4. 你还有哪些要求与设想？

_____

_____ 。

☞评价与反馈

_____

_____

_____

_____ 。

任务十九

汽车电路图识读与电路分析

☞ **学习目标**

(1) 了解汽车整车电路的组成及电路图的种类。

(2) 掌握各车系电路原理图的特点。

(3) 掌握汽车电路的接线规律和识读电路图的要点。

(4) 能够针对典型车系汽车电路进行分析，熟练识读汽车电路图。

(5) 能运用常用故障诊断方法根据汽车电路图排除故障。

☞ **任务情景描述**

现代汽车电气设备越来越多，电路线路越来越复杂。依据实际实训条件，选取几种典型车系汽车电路为对象，掌握汽车电路中常用图形符号、标志的具体含义，能读懂汽车总电路图，掌握识读汽车电路图的规律，锻炼依据汽车电路图排除故障的技能。对典型汽车系统的电路进行详细的分析，初步掌握全车线路的故障诊断与排除方法。

☞ **学习准备**

完成本次任务需要哪些设备、工具和耗材？

设备：_____。

工具：_____。

耗材：_____。

☞ **工作内容**

1. 查阅本田维修手册电气图，完成以下内容。

(1) 写出图 19-1 中部件 A 到 D 的名称。

A. _____；

B. _____；

C. _____；

D. _____。

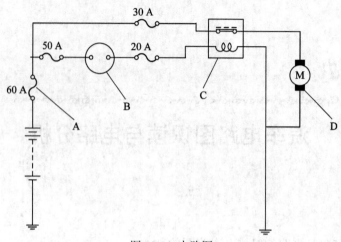

图 19-1　电路图

(2) 在指定给您的车辆上，指出以下部件的位置。将位置写在所提供的空格处。

A．SRS 装置_____。

B．右前照灯保险丝_____。

C．喇叭继电器_____。

D．后车窗除雾器搭铁 G901_____。

E．刮水器 / 清洗器电路间歇关闭时间控制器_____。

(3) 写出以下代码表示的颜色。

A．ORN_____。　B．PUR_____。

C．BRN_____。　D．BLU_____。

E．GRY_____。　F．GRN_____。

(4) 根据图 19-2，确定下列哪一个是正确的？(　　　　)

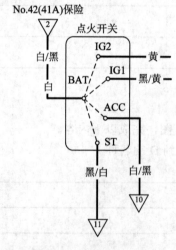

图 19-2　电火开关电路

A．点火开关共有四个位置。

B．点火开关共有五个端子。

C．接通时，点火开关同时为四个电路分配电源。

D．点火开关包括四个单独的开关。

(5) 根据表 19-1 所示点火开关检查表，确定下列哪一个是正确的？(　　　)

A．在位置 III(启动)，从端子 BAT 通过端子 IG1 为端子 ST 提供电源。

B．点火开关由五个四位开关组成。

C．在位置 I(ACC)和 II(ON)时，ACC 端子应与地线导通。

D．在位置 II 时，四个端子间(ACC、BAT、IG1 和 IG2)应导通。

表 19-1　点火开关检查表

端子 / 位置	白/黑 (ACC)	白 (BAT)	黑/黄 (IG1)	黄 (IG2)	黑/白 (ST)
0(锁定)					
I (自动点火控制)	○————○				
II (接通)	○————○————○		○————○		
III (起动)		○————○	○————○		

2．请查阅丰田维修手册，将丰田车系电路图中使用的符号及含义填入表 19-2 中。

表 19-2　丰田车系电路图中使用的符号

图形符号	含义	图形符号	含义	图形符号	含义
		FUEL			

3．通用车系电路图的标识。图 19-3 所示为上海别克轿车自动变速器控制电路图，指出通用车系电路图各部分的含义。

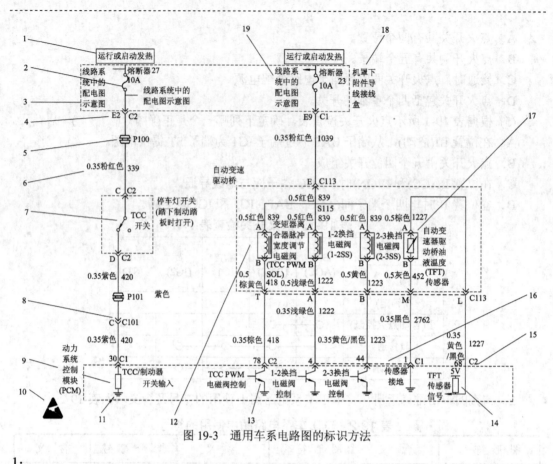

图 19-3　通用车系电路图的标识方法

1: _____。

2: _____。

3: _____。

4: _____。

5: _____。

6: _____。

7: _____。

8: _____。

9: _____。

10: _____。

11: _____。

12: _____。

13: _____。

14: _____。

15: _____。

16: _____。

17: _____。

18: _____。

19: _____。

4. 大众汽车电路图的标识方法。现以桑塔纳 2000 轿车部分电路为例进行说明，如图 19-4 所示，完成识读过程，并完成表 19-3。

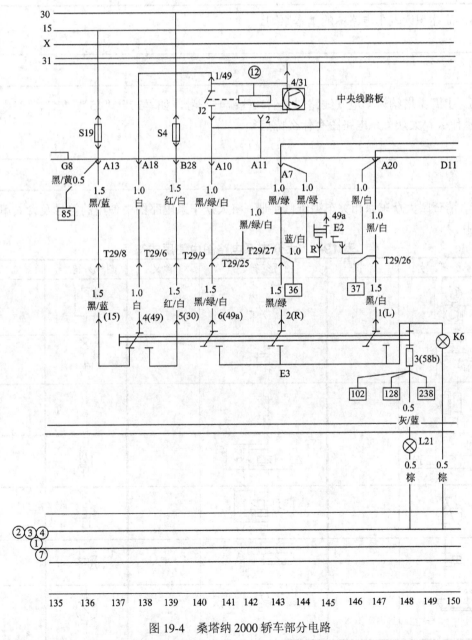

图 19-4 桑塔纳 2000 轿车部分电路

表 19-3 符号含义

符号	含义
J2	
A13	
T29/8	
[102]、[128]、[238]	
K6	

5．简述识读汽车电路图的基本原则。

_____

_____。

6．上海桑塔纳轿车电气线路图上的一些统一符号，如"30"、"15"、"X"、"31"等分别表示什么？大众车系电路图有什么特点？

_____

_____。

7．请查阅大众车系相关车型维修手册，将大众车系电路图中使用的符号及含义填入表19-4中。

表 19-4 大众车系电路图中使用的符号

图形符号	含义	图形符号	含义	图形符号	含义
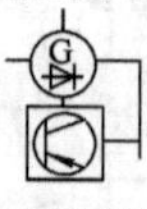		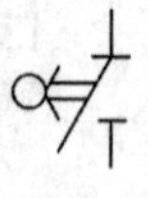			
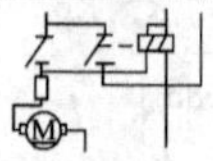		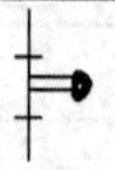			
		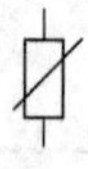			
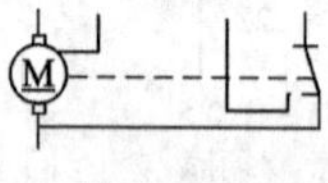		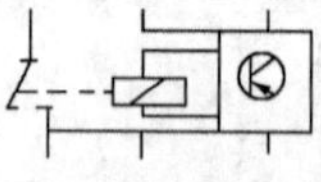			
		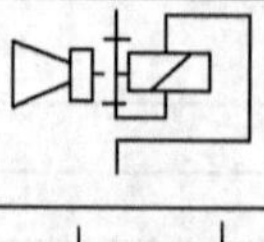			
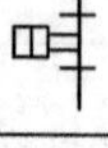		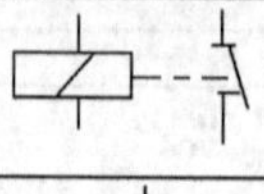		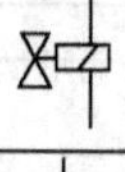	
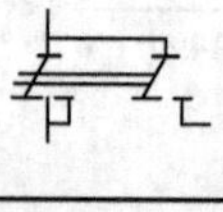					

8. 爱丽舍轿车的插接器种类及表示方法如图 19-5 所示，请解释其涵义。

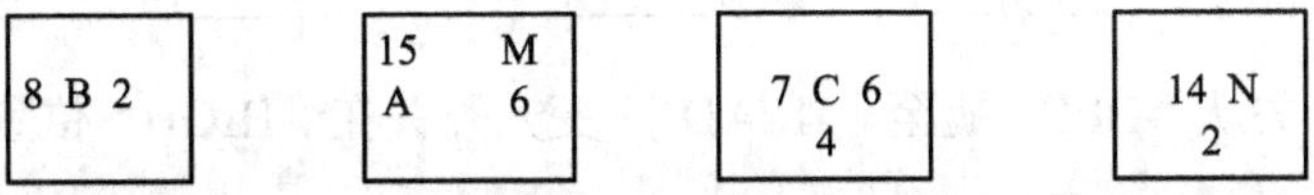

8 B 2	15 M A 6	7 C 6 4	14 N 2
(a) 单排插接器	(b) 双排插接器	(c) 前围板插接器	(d) 14脚圆插接器

图 19-5　爱丽舍轿车插接器种类及其表示方法

(1) 单排插接器识别方法如下：

8_____。

B_____。

2_____。

(2) 双排插接器的插脚或插孔有两排，识别方法如下：

15_____。

M_____。

A_____。

6_____。

(3) 前围板插接器位于前风玻璃左下侧的车身内，用于前部线束和仪表板线束的连接，识别方法如下：

7_____。

C_____。

6_____。

4_____。

(4) 14 脚圆插接器位于发动机罩下左侧的熔断器盒内，用于前部 AV 线束与发动机 MT 线束的连接，识别方法如下：

14_____。

N_____。

2_____。

9. 花冠轿车照明系统电路如图 19-6 所示，对照明系统电路进行分析。

(1) 该车前照灯电路的主要组成元件有：_____

_____。

(2) 当组合开关从"OFF"旋至"HEAD"，变光开关在"LOW"位置时，前照灯(蓄电池供电时)电流通路为(写出电流回路)：_____

(3) 当组合开关从"OFF"旋至"HEAD"，变光开关在"HIGH"位置时，前照灯(蓄电池供电时)电流通路为(写出电流回路)：＿＿＿＿＿＿＿＿＿＿＿＿＿＿＿＿＿

＿＿＿＿＿＿＿＿＿＿＿＿＿＿＿＿＿＿＿＿＿＿＿＿＿＿＿＿＿＿＿＿＿＿。

(4) 当变光开关拉至"FLASH"位置(车灯开关在"OFF"或其他位置)时，前照灯(蓄电池供电时)电流通路为(写出电流回路)：＿＿＿＿＿＿＿＿＿＿＿＿＿＿＿

＿＿＿＿＿＿＿＿＿＿＿＿＿＿＿＿＿＿＿＿＿＿＿＿＿＿＿＿＿＿＿＿＿＿。

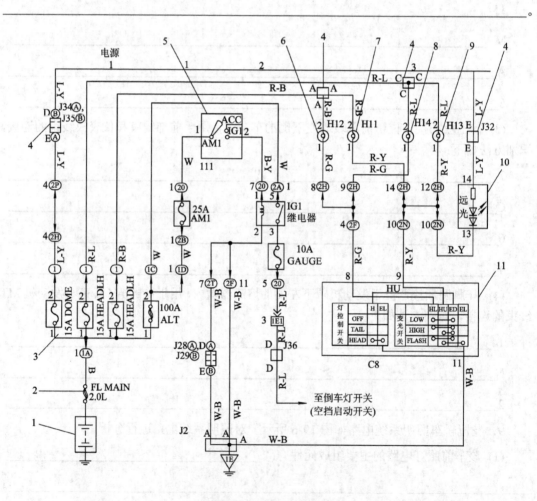

1—蓄电池；2—熔断器；3—熔断丝盒；4—中继线连接器；5—点火开关；6—左前照灯(近光)；
7—左前照灯(远光)；8—右前照灯(近光)；9—右前照灯(远光)；10—组合仪表远光指示灯；11—组合开关

图 19-6 花冠轿车前照灯(不带自动灯控制)电路

1. 活动中对哪个技能最感兴趣？为什么？

_____

_____

_____ 。

2. 活动中哪个技能最有用？为什么？

_____

_____

_____ 。

3. 活动中哪个技能的操作可以改进，以使操作更方便实用？请写出操作过程。

_____

_____

_____ 。

4. 你还有哪些要求与设想？

_____

_____

_____ 。

☞评价与反馈

_____

_____

_____

_____ 。

汽车电气设备与维修模拟试卷(A 卷)

班级 _____ 姓名 _____ 学号 _____

一、判断题(每题 1 分,共 10 分)

1. 筒形电喇叭音量的调整是通过调整衔铁与铁芯之间的间隙来实现的。(　　)

2. 车窗齿轮、齿条将电动机的旋转运动变为车窗玻璃的上下运动。(　　)

3. 六方向电动调整座椅,可用一台可逆的、永磁式三电刷的电动机完成调整。(　　)

4. 磁感应式点火信号发生器提供的点火信号幅值与发动机转速无关。(　　)

5. 汽车上所有用电设备的电流都通过电流表。(　　)

6. 汽车空调制冷系统中膨胀阀的作用是节流减压、控制负荷。(　　)

7. R134a 作为 R12 的替代产品,在常温常压下是一种无色、无味、无毒的气体。(　　)

8. IGT 信号为点火反馈信号,IGF 为点火正时信号。(　　)

9. 在阅读电路图时,应掌握回路原则,即电路中工作电流是由电源正极流出,经用电设备后流回电源负极的。(　　)

10. 前照灯的近光灯丝安装在反射镜的焦点位置。(　　)

二、填空题(每空 2 分,共 30 分)

1. 点火正时检查时若查出点火过早,应使分电器外壳_____分火头旋转方向旋转,使点火推迟。

2. 汽车空调压缩机通过_____与发动机主轴相连,其是否工作受空调开关、_____等控制。

3. 完整的汽车空调系统主要由_____、_____、通风和空气净化系统、控制系统组成。

4. 绕线式刮水电动机的变速原理是_____。

5. 汽车上常见的报警装置有_____、_____、_____和制动系统低压报警装置等。

6. 微机控制的点火提前角由三部分组成，即_____、_____和修正点火提前角。

7. 传统点火系的工作过程可分为_____、_____、_____三个阶段。

三、选择题(每题 2 分，共 20 分)

1. 甲认为控制转向灯闪光频率的是转向开关，乙认为是闪光器。你认为(   )。

A. 甲正确　　　　B. 乙正确　　　　C. 甲乙都正确　　　　D. 甲乙都不正确

2. 油压传感器上安装标记与垂直中心线偏角不得超过(   )。

A. 50°　　　　　　B. 40°　　　　　　C. 30°

3. 汽车大灯一侧亮，另一侧暗，说明(   )。

A. 变光开关接触不良　　　　　　　　　B、大灯暗的这一侧搭铁不良

C. 车灯开关故障

4. 能将反射光束扩展分配，使光形分布更适宜汽车照明的器件，甲认为是反射镜，乙认为是配光镜。你认为(   )。

A. 甲正确　　　　B. 乙正确　　　　C. 甲乙都正确　　　　D. 甲乙都不正确

5. 微机控制电子点火系的基本点火提前角是根据(   )确定的。

A. 节气门位置和进气温度信号　　　　B. 爆震和冷却水温度信号

C. 转速和负荷信号

6. 汽车空调系统易熔塞的作用是(   )。

A. 密封制冷剂　　　　B. 排出高压高温制冷剂　　　　C. 观察制冷剂

7. 发动机不能启动，故障由点火系引发，检查故障时，将总高压线拔下试火，结果发现无火，甲认为故障出现在高压电路，乙认为故障是由于点火正时不正确。你认为(   )。

A. 甲正确　　　　　B. 乙正确　　　　C. 甲乙都正确　　　　D. 甲乙都不正确

8. 桑塔纳车的电子点火器 6 号端子的电压应为(   )。

A. 0～12 V　　　　　B. 10 V　　　　　C. 0.4 V～9 V

9. 桑塔纳 2000 型轿车电路图上方的四条横线中，搭铁线是(　　　)。

A．标注 31 的线　　　　　B．标注 30 的线　　　　　C．标注 15 的线

10. 下面(　　　)是"常闭继电器"的符号。

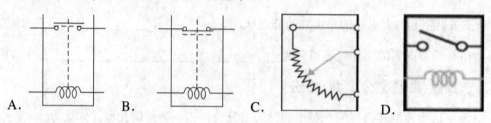

A．　　　　　　　B．　　　　　　　C．　　　　　　　D．

四、综合题(共 40 分)

1．简述霍尔式电子点火系不能启动的故障诊断步骤。(15 分)

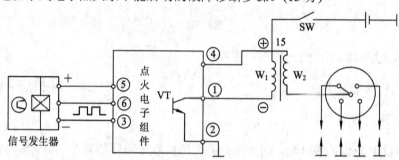

2．请画出汽车空调制冷循环系统的原理图，并简述制冷循环系统的工作过程和从低压侧加注制冷剂的注意事项。(15 分)

3. 汽车电气中有哪些继电器？它们的作用分别是什么？完成下表。(10 分)

	继电器名称	继电器的作用
①		
②		
③		
④		
⑤		

汽车电气设备与维修模拟试卷(B 卷)

班级 ＿＿＿＿＿＿＿ 姓名 ＿＿＿＿＿＿＿ 学号 ＿＿＿＿＿

一、判断题(每题 1 分，共 10 分)

1. 筒形电喇叭音调的调整是通过调整衔铁与铁芯之间的间隙来实现的。（　　）

2. 车窗齿轮、齿条将电动机的旋转运动变为车窗玻璃的上下运动。（　　）

3. 永磁式风窗刮水电动机用了两只电刷。（　　）

4. 普通电子点火系用三极管替代传统点火系的断电器触点，用信号发生器替代传统点火系断电器的凸轮。（　　）

5. 电流表指示发电机向蓄电池充电电流时，表针指向"＋"侧。（　　）

6. 汽车空调中暖气的热源多取自发动机冷却液。（　　）

7. 连接蓄电池正极与启动机主接线柱的导线横截面积是以工作电流的大小来选定的。（　　）

8. 发动机转速加快时，点火提前角应增大。（　　）

9. 汽车空调系统在压缩机运行时，若用歧管压力表测得高压、低压都偏低，则表明冷凝器翅片被脏物堵塞。（　　）

10. 前照灯反射镜的作用是将灯泡的光线聚合并导向前方。（　　）

二、填空题(每空 2 分，共 30 分)

1. 汽车转向信号系统中一般闪光频率是＿＿＿＿＿＿＿次/min。

2. 无分电器式电子点火系统同时点火高压配电有两种形式，分别为＿＿＿＿＿＿分配方式和＿＿＿＿＿＿分配方式。

3. 新型高压放电氙灯的组件系统由＿＿＿＿＿、＿＿＿＿＿和升压器组成。

4. 电磁式冷却液温度表所采用的传感器一般为热敏电阻式，当水温升高时，传感器的阻值变_____，水温表指示变_____。

5. 加阻尼电阻，加_____和_____可抑制汽车电磁波。

6. 汽车空调制冷系统抽真空时需要用的仪器是_____和_____。

7. 汽车上常见的仪表装置有_____、_____、_____和水温表。

8. 点火系次级电压的最大值随发动机气缸数的增加而_____。

三、选择题(每题 2 分，共 20 分)

1. 下列关于远光灯指示灯的说法中，哪个是正确的？(　　)

A. 远光灯指示灯位于灯光控制开关内。

B. 远光灯指示灯在FLASH位置不点亮。

C. 当远光灯灯亮时，远光灯指示灯点亮。

2. 当制动液液位很低时，以下(　　)指示灯点亮。

A. 　　　　　B. 　　　　　C. 　　　　　D.

3. 以下关于汽车空调的叙述，(　　)是正确的。

A. 汽车空调的制热功能是采用蒸发器作为热交换器来加热空气的

B. 汽车空调的制冷功能是采用加热器芯作为热交换器来冷却空气的

C. 汽车空调中的制冷剂在使用一段时间后逐渐减少，因此必须定期检查制冷剂的量

4. 在微机控制的点火系统中，发动机工作时的点火提前角，甲认为是由初始点火提前角和修正点火角两部分组成，乙认为是由初始点火提前角、基本点火提前角和修正点火提前角三部分组成。你认为(　　)。

A. 甲正确　　　　B. 乙正确　　　　C. 甲乙都正确　　　　D. 甲乙都不正确

5. 火花塞的热特性是用热值(数字 1～9)来表示的，甲认为数字越大，火花塞越冷，乙认为数字越小，火花塞越冷。你认为(　　)。

A．甲正确　　　　B．乙正确　　　　C．甲乙都正确　　　　D．甲乙都不正确

6．汽车制冷系统加注制冷剂的正确方法是(　　　)。

A．启动压缩机，从高压端加注

B．启动压缩机，从低压端加注

C．压缩机停转，从低压端加注

7．在将传统点火系改换成为电子点火系后，甲认为应将火花塞的间隙适当调小，乙认为应将火花塞的间隙适当调大。你认为(　　　)。

A．甲正确　　　　B．乙正确　　　　C．甲乙都正确　　　　D．甲乙都不正确

8．汽车空调系统易熔塞的作用是(　　　)。

A．密封制冷剂　　　　B．排出高压高温制冷剂　　　　C．观察制冷剂

9．桑塔纳 2000 型轿车电路图上方的四条横线中，常火线是(　　　)。

A．标注 31 的线　　　　B．标注 30 的线　　　　C．标注 15 的线

10．技师甲说，电动车窗的总开关对系统集中控制；技师乙说，流过电动座椅电动机的电流方向，决定了电动机的旋转方向。你认为(　　　)。

A．甲正确　　　　B．乙正确　　　　C．甲乙都正确　　　　D．甲乙都不正确

四、综合题(共 40 分)

1．对前照灯的基本要求是什么？防眩目措施有哪些？(5 分)

2．怎样检查磁感应式点火信号发生器及其电子点火器的性能？(10 分)

3. 如下图所示，简述鼓风机电路和汽车空调制冷系统电磁离合器电路。(10分)

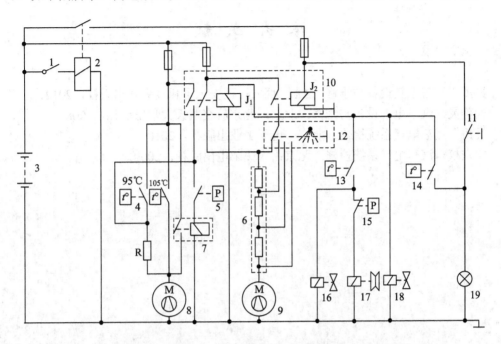

1—点火开关；2—减荷继电器；3—蓄电池；4—冷却液温控开关；5—高压保护开关；
6—鼓风机调速电阻；7—冷却风扇继电器；8—冷却风扇电机；9—鼓风机；
10—空调继电器；11—空调开关A/C；12—鼓风机开关；13—蒸发器温控开关；
14—环境温度开关；15—低压保护开关；16—怠速提升真空转换阀；17—电磁离合器；
18—新鲜空气翻板电磁阀；19—空调开关指示灯

4. 试画出汽车空调制冷系统各机械部件的连接图，并简述制冷循环系统的工作过程和从高压侧加注制冷剂的注意事项。(15分)

参 考 文 献

[1] 吴涛. 汽车电气设备与维修. 2 版. 西安：西安电子科技大学出版社，2012.
[2] 刘美灵. 汽车电气设备与维修. 北京：北京航空航天大学出版社，2008.
[3] 吴涛. 汽车电气系统检修. 北京：电子工业出版社，2010.
[4] 安宗权. 汽车电气系统检修. 北京：人民邮电出版社，2009.